LA QUÊTE DE LA VIE ÉTERNELLE

Avancées Récentes et Innovations Biotechnologiques

© DOMINGUES-MONTANARI, 2024

ISBN : 9798868452284

LA QUÊTE DE LA VIE ÉTERNELLE

Avancées Récentes et Innovations Biotechnologiques

DR SOPHIE DOMINGUES-MONTANARI

TABLE DES MATIÈRES

Prologue : Biotechnologie et Quête d'Immortalité

L'Épopée Humaine vers l'Immortalité

L'humanité a toujours nourri l'aspiration à transcender les limites de la mortalité. Cependant, la compréhension de l'immortalité a évolué au fil du temps et a pris différentes formes dans divers contextes culturels, religieux et scientifiques.

- *Mythes et Religions :* Dans de nombreuses cultures, les mythes et les religions offrent des visions de l'immortalité. Que ce soit à travers l'idée de paradis, de réincarnation, ou d'ascension divine, ces croyances reflètent la quête intemporelle de transcender la condition humaine.

- *Recherche de l'Immortalité dans l'Histoire :* Des alchimistes à la quête de la pierre philosophale à la recherche des fontaines de jouvence, l'histoire témoigne des efforts pour découvrir des moyens concrets d'atteindre l'immortalité. Ces quêtes ont souvent été associées à la recherche de connaissances ésotériques ou de substances mystiques.

- *Avancées Scientifiques :* Au cours des dernières décennies, les progrès scientifiques ont ouvert de nouvelles avenues dans la quête d'immortalité et ont suscité des discussions sur la possibilité de prolonger la durée de vie humaine de manière significative. Cependant, ces avancées soulèvent des questions éthiques considérables, notamment en ce qui concerne l'équité, l'accès aux traitements et les implications sociales.

- *Réflexions Philosophiques :* Des penseurs philosophiques ont également exploré la signification de l'immortalité. Certains ont remis en question si une existence éternelle serait souhaitable, mettant en avant l'idée que la finitude donne un sens à la vie. D'autres ont considéré l'immortalité comme une quête légitime, liée à la recherche de la perfection et du dépassement de soi.

- *Technologie de l'Information et Intelligence Artificielle :* Certains envisagent également l'immortalité d'une manière différente, en explorant la possibilité de transférer la conscience humaine dans des substrats numériques, créant ainsi une forme d'immortalité numérique.

C'est dans cette quête intemporelle que la biotechnologie émerge comme un acteur clé, offrant des perspectives révolutionnaires sur la possibilité de prolonger la vie humaine. En effet, la biotechnologie, fruit de la convergence de la biologie, de l'informatique et de l'ingénierie, émerge comme le catalyseur contemporain de cette quête ancestrale. Alors que les chercheurs explorent les mécanismes du vieillissement et les possibilités de manipulation génétique, la perspective d'une vie sans fin prend une dimension tangible.

Les Fondements de la Biotechnologie Anti-Âge

La biotechnologie est une discipline multidisciplinaire qui intègre des avancées en génomique, en thérapie génique, en régénération tissulaire et en intelligence artificielle pour défier les horloges biologiques.

Les attentes entourant la biotechnologie anti-âge sont aussi vastes que les espoirs humains. Au-delà de la simple prolongation de la durée de vie, la vision ambitieuse de cette discipline inclut la préservation de la vitalité, l'amélioration de la qualité de vie, la prévention des maladies liées à l'âge et même la possibilité de transcender la mortalité elle-même.

Obstacles Actuels

Actuellement, la biotechnologie anti-âge oscille entre les promesses fascinantes et les réalités scientifiques. Les recherches sur la régénération cellulaire, les thérapies géniques et les interventions préventives ont généré des résultats prometteurs dans des modèles expérimentaux, mais leur translation clinique à l'être humain reste un défi. La complexité du vieillissement humain, influencée par une multitude de facteurs génétiques et environnementaux, pose des défis considérables pour la mise au point de traitements efficaces.

De plus, les défis techniques, inhérents à la manipulation des processus biologiques complexes, représentent un autre front dans la quête de l'immortalité biotechnologique. La précision nécessaire pour cibler spécifiquement des gènes, la régénération tissulaire contrôlée et la minimisation des effets indésirables exigent des avancées significatives dans la compréhension des mécanismes moléculaires et cellulaires. Des progrès technologiques dans ces domaines sont essentiels pour franchir ces barrières.

Par ailleurs, les progrès scientifiques ne peuvent être dissociés des réalités socio-économiques. Les coûts élevés associés à la recherche et aux traitements anti-âge soulèvent des inquiétudes quant à l'équité d'accès. La perspective d'une technologie réservée à une élite financière pourrait accentuer les inégalités sociales et éthiques, remettant en question la justice dans la distribution des avantages de la biotechnologie anti-âge.

Finalement, la manipulation génétique et la perspective d'une vie éternelle soulèvent des questions fondamentales sur la nature même de l'existence humaine et sur les implications sociales et culturelles de telles avancées.

Perspectives Futures

Malgré ces défis, les perspectives futures de la biotechnologie anti-âge suscitent un optimisme prudent. Les avancées dans la régénération tissulaire, la personnalisation des traitements, l'utilisation de l'intelligence artificielle dans la médecine et l'évolution des technologies de thérapie génique laissent entrevoir un avenir où la quête d'immortalité biotechnologique pourrait devenir une réalité tangible.

1

Nanotechnologie et Régénération Cellulaire

Introduction

Contextualisation

La synergie entre nanotechnologie, discipline qui travaille dans l'infiniment petit, à l'échelle atomique et moléculaire, et la régénération cellulaire, processus fondamental à la vie, repousse les limites de ce que la science médicale a traditionnellement considéré comme possible.

En introduisant des matériaux, des dispositifs, et des approches à l'échelle nanométrique, nous sommes témoins d'une révolution technologique qui promet de redéfinir notre capacité à comprendre, influencer et potentiellement contrôler les mécanismes cellulaires au niveau le plus fondamental.

Enjeux Majeurs

La démographie mondiale vieillit, et avec elle émergent des défis de santé sans précédent. Les maladies liées au vieillissement, telles que le cancer, les maladies cardiaques et neurodégénératives, imposent un fardeau croissant sur les systèmes de santé.

La nanotechnologie offre une lueur d'espoir en permettant une intervention précise à l'échelle cellulaire, là où les maladies prennent naissance. Cette capacité à cibler spécifiquement les cellules défectueuses ou vieillissantes ouvre la voie à des thérapies révolutionnaires.

Fondations Scientifiques

Principes Fondamentaux de la Nanotechnologie

À la base de la nanotechnologie se trouvent la manipulation et à l'observation de la matière à une échelle incroyablement petite. L'une des caractéristiques clés est la loi de la mécanique quantique, où les propriétés de la matière peuvent différer considérablement de celles observées à une échelle plus grande. La taille des particules, souvent à l'échelle nanométrique, confère des propriétés uniques aux matériaux, offrant des possibilités de conception et de manipulation inédites.

Voici quelques concepts de la mécanique quantique pertinents dans le contexte de la nanotechnologie médicale :

- Principe de superposition : Selon le principe de superposition de la mécanique quantique, une particule peut exister dans plusieurs états en même temps. Ce principe est exploité dans des applications telles que l'informatique quantique, mais il peut également être pris en compte dans la conception de sondes ou de capteurs nanométriques utilisés en médecine pour détecter des changements subtils au niveau moléculaire.

- Interférence quantique : L'interférence quantique est un phénomène où les ondes quantiques se combinent ou s'annulent. Ce principe est utilisé dans des domaines tels que l'imagerie médicale basée sur la lumière, où des techniques telles que l'interférométrie peuvent être appliquées pour obtenir des images de haute résolution.

- Effet tunnel : Selon l'effet tunnel, les particules quantiques peuvent traverser des barrières potentielles sans avoir besoin de l'énergie classique nécessaire pour surmonter ces barrières. Cet effet est exploité dans des domaines tels que la microscopie à effet tunnel, qui permet d'obtenir des images à l'échelle atomique de surfaces.

- Magnétisme quantique : Les propriétés magnétiques quantiques, qui peuvent être observées à l'échelle nanométrique, sont utilisées dans des domaines tels que l'imagerie par résonance magnétique (IRM) en médecine. Les nanoparticules magnétiques peuvent être conçues pour cibler spécifiquement des zones du corps et améliorer la sensibilité de l'IRM.

- Quantification de l'énergie : La mécanique quantique implique la quantification de l'énergie, ce qui signifie que les niveaux d'énergie sont discrets. Cela peut être important dans la conception de nanomatériaux utilisés dans la délivrance ciblée de médicaments.

La nanotechnologie tire également profit des forces fondamentales qui régissent le comportement des particules à l'échelle atomique :

- Force électromagnétique : La force électromagnétique est responsable des interactions entre les particules chargées électriquement. Elle inclut l'attraction entre les charges opposées (positives et négatives) et la répulsion entre les charges de même signe. Cette force joue un rôle majeur dans le maintien de la structure atomique et moléculaire.

- Force gravitationnelle : Bien que la gravité soit généralement associée aux objets massifs, elle agit également à l'échelle atomique. Cependant, son influence est extrêmement faible par rapport aux autres forces.

- Force nucléaire forte : La force nucléaire forte agit au sein du noyau atomique et est responsable de maintenir ensemble les protons et les neutrons. Elle est très puissante à courte portée, mais elle décroît rapidement avec la distance. Cette force empêche les protons, qui ont une charge positive, de se repousser mutuellement à l'intérieur du noyau.

- Force nucléaire faible : La force nucléaire faible est responsable de certains types de désintégrations nucléaires, impliquant des changements dans le nombre de neutrons et de protons d'un noyau. Elle est appelée "faible" parce qu'elle est moins intense que la force nucléaire forte.

Régénération Cellulaire

En ce qui concerne la régénération cellulaire, la nanotechnologie joue un rôle crucial en permettant une précision sans précédent. Des nanoparticules peuvent être conçues pour interagir spécifiquement avec des composants cellulaires, qu'il s'agisse de membranes, de protéines ou même de matériel génétique. Cette spécificité offre une opportunité unique de cibler des cellules spécifiques pour des applications thérapeutiques ou de diagnostic.

La régénération cellulaire fait référence au processus naturel par lequel les cellules vivantes se renouvellent et se réparent pour maintenir la fonction et l'intégrité des tissus et des organes. Ce processus est essentiel pour le maintien de la santé et de la fonctionnalité des organismes multicellulaires, y compris les êtres humains.

La régénération cellulaire peut se produire de différentes manières selon les types de cellules et les tissus. Certains tissus, tels que la peau et les muqueuses intestinales, subissent une régénération cellulaire continue pour compenser la perte constante de cellules par des processus tels que la desquamation de la peau ou le renouvellement cellulaire dans l'intestin.

D'autres tissus et organes, tels que le foie, ont une capacité remarquable de régénération après des lésions ou des dommages. Par exemple, le foie peut se régénérer en reformant des tissus fonctionnels à partir des cellules hépatiques restantes.

Cependant, tous les tissus et organes ne présentent pas la même capacité de régénération. Certains, comme le cœur et le cerveau, ont une capacité limitée à se régénérer après des lésions, et la formation de nouveaux tissus est souvent difficile.

La régénération cellulaire peut également être influencée par des processus biologiques tels que la division cellulaire, la différenciation cellulaire, et des signaux biochimiques spécifiques. La recherche dans le domaine de la biologie régénérative vise à comprendre ces mécanismes afin de développer des approches thérapeutiques visant à favoriser la régénération tissulaire dans le cadre de blessures ou de maladies.

Nanotechnologie et Régénération Cellulaire

L'application de la nanotechnologie à la manipulation cellulaire et à la régénération est une frontière passionnante où la théorie devient réalité. Les nanoparticules peuvent être fonctionnalisées avec des agents biologiques spécifiques, facilitant leur interaction avec les cellules. Ces interactions peuvent être conçues pour stimuler la régénération cellulaire, inhiber des processus pathologiques, ou même délivrer des médicaments de manière ciblée.

Un exemple concret est l'utilisation de nanoparticules dans la thérapie génique. Les nanovecteurs peuvent être utilisés pour délivrer des gènes spécifiques aux cellules cibles, modulant ainsi leur activité génétique. Cette approche révolutionnaire ouvre la voie à la correction de mutations génétiques, à la régulation de la croissance cellulaire, et à d'autres interventions qui étaient auparavant hors de portée.

De plus, la nanotechnologie permet le développement de biomatériaux à l'échelle nanométrique qui peuvent servir de *scaffolds* (échafaudages) pour guider la croissance cellulaire lors de la régénération tissulaire. Ces échafaudages peuvent être conçus pour imiter la structure de la matrice extracellulaire naturelle, offrant un support physique et biochimique aux cellules en cours de régénération.

Applications Médicales

Ciblage Précis des Cellules Défectueuses

L'une des applications phares de la nanotechnologie réside dans son aptitude à cibler précisément les cellules défectueuses. Des nanoparticules fonctionnalisées peuvent être conçues pour reconnaître spécifiquement des marqueurs cellulaires associés à des maladies particulières. Cela ouvre la voie à des traitements plus ciblés, réduisant ainsi les effets secondaires indésirables.

Livraison Ciblée de Médicaments

Les nanocarriers peuvent être utilisés pour délivrer des médicaments directement aux cellules malades, de manière contrôlée, améliorant l'efficacité thérapeutique tout en minimisant les dommages aux cellules saines environnantes.

Modulation Précise des Processus Cellulaires

Les nanoparticules peuvent agir comme des interrupteurs moléculaires, modulant des processus cellulaires spécifiques. Par exemple, des nanomatériaux sont conçus pour activer ou inhiber des voies de signalisation cellulaires, régulant ainsi la prolifération, la différenciation, ou même la mort cellulaire programmée.

Diagnostic Précoce et Précis

Les nanotechnologies jouent un rôle crucial dans le domaine du diagnostic, permettant la détection précoce de maladies grâce à des nanoparticules utilisées comme agents d'imagerie. Cela offre la possibilité d'une intervention précoce, souvent avant que les symptômes ne se manifestent.

Nanoparticules Magnétiques

Des chercheurs ont utilisé des nanoparticules chargées magnétiquement, qui telles qu'un aimant peuvent guider spécifiquement des cellules souches vers des sites de lésions grâce à un champ magnétique externe pour stimuler la régénération tissulaire. Cette approche novatrice ouvre de nouvelles perspectives dans la réparation des tissus endommagés.

Nanotechnologie pour le Traitement du Cancer

Des nanoparticules ont été développées pour cibler sélectivement les cellules cancéreuses, améliorant l'efficacité des traitements anticancéreux tout en réduisant les effets secondaires. Ces avancées marquent un tournant dans la lutte contre le cancer.

- Ciblage actif : Les nanoparticules sont fonctionnalisées avec des ligands spécifiques, tels que des anticorps, des peptides ou des protéines, qui reconnaissent et se lient à des récepteurs spécifiques exprimés de manière excessive à la surface des cellules cancéreuses. Cela permet aux nanoparticules de cibler activement les cellules cancéreuses tout en évitant les cellules saines.

- Ciblage passif : Les nanoparticules peuvent également exploiter le phénomène de l'effet EPR (Enhanced Permeability and Retention) qui caractérise souvent les tumeurs. En raison de la nature vasculaire altérée des tissus tumoraux, les nanoparticules peuvent s'accumuler préférentiellement dans ces zones en exploitant la perméabilité vasculaire accrue et la rétention prolongée.

Nanovecteurs pour la Thérapie Génique

L'utilisation de nanovecteurs dans la thérapie génique a connu des percées significatives. Ces vecteurs peuvent transporter des gènes spécifiques vers les cellules cibles, offrant des possibilités de traitement pour des maladies génétiques jusque-là considérées comme incurables.

Les nanovecteurs peuvent prendre différentes formes, y compris des liposomes, des polymères, des nanoparticules inorganiques, des virus modifiés ou d'autres structures. Chaque type de nanovecteur présente des avantages et des inconvénients, et le choix dépend souvent de la nature spécifique de la thérapie génique envisagée.

Voici comment les nanovecteurs sont utilisés dans la thérapie génique :

- Protection de l'acide nucléique : Les acides nucléiques, tels que l'ADN ou l'ARN, sont sensibles à la dégradation dans le milieu extracellulaire. Les nanovecteurs fournissent une enveloppe protectrice qui préserve l'intégrité de l'acide nucléique pendant sa circulation dans le corps, améliorant ainsi sa stabilité.

- Ciblage cellulaire : Les nanovecteurs peuvent être fonctionnalisés avec des ligands spécifiques, tels que des anticorps ou des peptides, qui reconnaissent des récepteurs spécifiques à la surface des cellules cibles. Cela permet un ciblage précis des cellules concernées, réduisant ainsi la distribution non spécifique de l'acide nucléique.

- Internalisation cellulaire : Une fois que les nanovecteurs ont atteint les cellules cibles, ils facilitent l'internalisation de l'acide nucléique dans le cytoplasme ou le noyau. Cette internalisation est souvent réalisée par des mécanismes d'endocytose qui permettent aux nanovecteurs de pénétrer efficacement dans les cellules.

- Contrôle de la libération : Certains nanovecteurs sont conçus pour libérer l'acide nucléique de manière contrôlée une fois à l'intérieur de la cellule. Cela peut être important pour assurer une libération spécifique au moment et à l'endroit souhaités, améliorant ainsi l'efficacité thérapeutique.

- Défis de la barrière hémato-encéphalique : Dans le cas des maladies du système nerveux central, tels que certains types de cancers du cerveau, les nanovecteurs peuvent être adaptés pour traverser la barrière hémato-encéphalique, une barrière physiologique qui limite l'accès de nombreuses substances au cerveau.

Nanoparticules pour la Réparation Neuronale

Dans le domaine de la neurologie, des nanoparticules sont explorées pour stimuler la régénération neuronale. Certains types de nanoparticules, tels que les nanofibres ou les nanotubes, peuvent ainsi servir de substrats pour la croissance des neurones. Ces matériaux peuvent être utilisés pour guider les neurites, les prolongements des cellules nerveuses, favorisant la régénération des connexions neuronales. Cela offre un espoir pour le traitement de maladies neurodégénératives et du système nerveux central.

Microchirurgie à l'Échelle Cellulaire

La nano-régénération étend le domaine de la microchirurgie en permettant des interventions à l'échelle cellulaire. Des nanoparticules peuvent être utilisées comme outils chirurgicaux minuscules pour effectuer des réparations précises au niveau cellulaire, offrant des solutions innovantes pour des interventions délicates.

Nanotechnologie pour la Prévention des Infections

Les revêtements nanotechnologiques antimicrobiens sont développés pour prévenir les infections post-opératoires. Ces revêtements, appliqués sur des dispositifs médicaux tels que des prothèses ou des cathéters, inhibent la croissance bactérienne, réduisant ainsi le risque d'infections nosocomiales.

Nanorobots pour le Traitement Cardiovasculaire

Des nanorobots médicaux ont été développés pour naviguer dans le système circulatoire, ciblant spécifiquement les plaques d'athérosclérose et délivrant des agents thérapeutiques directement à ces sites. Cette approche révolutionnaire promet de réduire le risque de maladies cardiovasculaires en traitant les causes à un niveau moléculaire.

Nanoparticules pour la Régénération Cardiaque

Dans le domaine de la régénération cardiaque, des nanoparticules sont utilisées pour stimuler la croissance de nouveaux vaisseaux sanguins et la régénération du tissu cardiaque endommagé. Ces avancées ouvrent la voie à des traitements révolutionnaires pour les maladies cardiaques, l'une des principales causes de morbidité dans le monde.

Nanothérapies en Médecine Dentaire

Les applications de la nanotechnologie dans la régénération des tissus dentaires ouvrent des opportunités passionnantes. La conception de nanoparticules pour favoriser la régénération osseuse ou le développement de revêtements nanotechnologiques pour prévenir les infections sont des domaines dignes d'exploration approfondie.

Application au Processus de Vieillissement

La Régénération Cellulaire dans le Vieillissement

Le processus de vieillissement est très étroitement lié à la capacité de régénération des cellules. Comprendre les mécanismes impliqués et les facteurs qui influent sur ces processus est donc essentiel pour aborder les défis liés au vieillissement.

Voici quelques points clés à considérer à ce sujet :

- Ralentissement de la régénération : Avec l'âge, la capacité des cellules à se diviser et à se renouveler diminue. Ce ralentissement de la régénération cellulaire normale contribue aux problèmes liés au vieillissement.

- Accumulation de dommages : Au fil du temps, les cellules subissent des dommages cumulatifs résultant de divers facteurs tels que l'exposition aux radicaux libres, les erreurs de réplication de l'ADN et d'autres formes de stress cellulaire. Ces dommages peuvent entraver la capacité des cellules à fonctionner normalement et à se régénérer.

- Sénescence cellulaire : Certains types de cellules peuvent entrer en état de sénescence, où elles restent en vie mais perdent leur capacité à se diviser et à contribuer à la régénération tissulaire. Les cellules sénescentes sécrètent un ensemble de molécules inflammatoires, appelées le "senescence-associated secretory phenotype" (SASP). Cette inflammation chronique peut contribuer à un environnement pro-inflammatoire dans les tissus, ce qui est associé à plusieurs maladies liées à l'âge, y compris les maladies cardiovasculaires, le diabète de type 2 et certaines maladies neurodégénératives.

- Diminution des cellules souches : Les cellules souches, qui ont la capacité de se différencier en divers types de cellules, jouent un rôle clé dans la régénération. Avec l'âge, la quantité et la qualité des cellules souches diminuent, ce qui peut compromettre la capacité du corps à se régénérer.

La Nanotechnologie dans la Prolongation de la Jeunesse

Réparation et Renouvellement Cellulaire

Des nanoparticules peuvent être conçues pour réparer les dommages cellulaires liés au vieillissement, stimuler la régénération des tissus, et même renouveler les cellules souches. En s'attaquant à ces causes fondamentales du vieillissement, la nanotechnologie offre un moyen précis de maintenir la jeunesse biologique.

Contrôle de la Sénescence Cellulaire

Des nanoparticules peuvent être utilisées pour éliminer sélectivement les cellules sénescentes, celles qui ont cessé de se diviser et contribuent au vieillissement tissulaire. En éliminant ces cellules défectueuses, la nanotechnologie contribue à maintenir un environnement cellulaire plus jeune et dynamique.

Régulation des Processus Métaboliques

Les processus métaboliques déclinent souvent avec l'âge, contribuant aux maladies liées au vieillissement. La nanotechnologie offre la possibilité de réguler ces processus à un niveau moléculaire, stimulant la production d'enzymes et de facteurs de croissance essentiels.

Protection contre les Dommages de l'ADN

Les dommages de l'ADN sont des contributeurs majeurs au vieillissement cellulaire. Les nanoparticules peuvent être conçues pour protéger l'ADN des dommages causés par les radicaux libres et d'autres agressions externes. En préservant l'intégrité génétique, la nanotechnologie offre une défense proactive contre le vieillissement cellulaire.

Nanorobotique Médicale

Des nanorobots peuvent être utilisés comme mécanismes d'entretien cellulaire. Ils pourraient patrouiller dans le corps, détectant et réparant activement les dommages cellulaires avant qu'ils ne deviennent irréparables. Cette approche proactive pourrait révolutionner notre capacité à maintenir la jeunesse biologique.

Régénération Osseuse Accélérée

Les fractures osseuses peuvent être traitées de manière révolutionnaire grâce à la nano-régénération. Des nanoparticules peuvent ainsi être élaborées pour stimuler la prolifération des cellules osseuses et faciliter la régénération du tissu osseux endommagé. Cette approche accélère le processus de guérison, réduisant le temps nécessaire pour la récupération.

Traitement des Maladies Neurodégénératives

Dans le domaine des maladies neurodégénératives telles que la maladie d'Alzheimer ou de Parkinson, la nano-régénération offre des espoirs considérables. Des nanoparticules fonctionnalisées peuvent être conçues pour traverser la barrière hémato-encéphalique et fournir des agents thérapeutiques directement au cœur des régions cérébrales touchées, ralentissant ainsi la progression de ces affections débilitantes.

Dégénérescence Rétinienne

Des nanoparticules ont été utilisées pour délivrer des médicaments directement à la rétine, offrant des espoirs pour le traitement de maladies dégénératives telles que la dégénérescence maculaire liée à l'âge (DMLA). Cette approche ciblée minimise les effets secondaires systémiques et maximise l'efficacité du traitement.

Défis dans l'Univers Nanocellulaire

Enjeux de Sécurité

L'une des préoccupations majeures dans l'univers nanocellulaire concerne la sécurité des nanoparticules utilisées. Des questions subsistent quant à la biodistribution, à la toxicité potentielle et à la durée de persistance de ces nanoparticules dans l'organisme. Des études approfondies sur les effets à long terme et les interactions avec les tissus sont cruciales pour évaluer la sécurité de ces interventions.

En effet, l'introduction de nanoparticules dans le corps peut déclencher des réponses immunitaires. Il est crucial de comprendre comment le système immunitaire interagit avec ces nanomatériaux, car des réactions immunitaires excessives pourraient compromettre l'efficacité des traitements et présenter des risques pour la santé.

Par ailleurs, la nanotoxicité, qui fait référence aux effets toxiques des nanomatériaux, est une préoccupation majeure. Les nanoparticules peuvent avoir des interactions imprévues avec les composants biologiques, entraînant des effets indésirables.

Dans le contexte de traitements liés au cerveau, la barrière hémato-encéphalique pose un défi significatif. Traverser cette barrière de manière ciblée et contrôlée avec des nanoparticules est une tâche délicate. Les implications sur la sécurité et les réponses neurologiques doivent être rigoureusement étudiées pour éviter d'éventuels effets indésirables.

Réglementation

L'absence de normes et de directives spécifiques pour les interventions nanotechnologiques est un obstacle majeur. Le développement de normes de sécurité, de protocoles d'évaluation des risques et de directives réglementaires est essentiel pour encadrer cette technologie émergente et garantir son utilisation responsable. Les différences dans les normes réglementaires entre les pays peuvent aussi compliquer l'harmonisation des approches, ce qui nécessite une coopération mondiale pour établir des cadres réglementaires cohérents.

Obstacles à Surmonter pour une Intégration Réussie

Complexité de l'Interaction Nanoparticules-Cellules

L'interaction entre les nanoparticules et les cellules est d'une complexité remarquable. Comprendre en détail comment ces nanomatériaux interagissent avec les composants cellulaires et comment ils influencent les processus biologiques est essentiel pour concevoir des interventions efficaces et sûres.

Coût Élevé des Technologies Nanocellulaires

Actuellement, les technologies nanocellulaires peuvent être coûteuses à développer et à mettre en œuvre. Le coût élevé peut limiter l'accessibilité de ces traitements, créant ainsi des disparités économiques dans l'accès à ces avancées médicales. Des efforts sont nécessaires pour rendre ces technologies plus abordables et plus accessibles.

Communication et Éducation du Public

La perception publique des interventions nanotechnologiques en régénération cellulaire est cruciale. Une communication transparente et une éducation du public sur les bénéfices potentiels, les risques et les procédures de sécurité sont nécessaires pour établir la confiance et favoriser une acceptation sociale accrue de ces technologies.

Gestion des Données et Confidentialité

L'utilisation de nanotechnologies génère une quantité considérable de données médicales. La gestion de ces données, tout en assurant la confidentialité des informations personnelles, est un défi crucial. Des protocoles robustes de gestion des données et de protection de la vie privée sont nécessaires pour garantir l'intégrité des informations médicales.

Questions Morales

Manipulation Génétique et Intégrité Humaine

La manipulation génétique soulève des questions fondamentales sur l'intégrité humaine. Jusqu'où pouvons-nous intervenir dans le code génétique sans compromettre notre essence fondamentale en tant qu'êtres humains ? Cette question éthique est complexe, notamment en ce qui concerne la modification génétique des cellules germinales qui pourrait avoir des implications sur les générations futures.

Impact sur la Définition de la Vie et de la Mort

Les avancées en régénération cellulaire soulèvent des questions fondamentales sur la définition même de la vie et de la mort. À quel point peut-on prolonger la vie sans altérer sa signification intrinsèque ? Ces interrogations éthiques demandent une réflexion approfondie sur les conséquences sociales de la manipulation cellulaire pour atteindre une « immortalité » relative.

Valeurs Culturelles

Les différentes sociétés et cultures peuvent avoir des perspectives différentes sur la manipulation cellulaire, la prolongation de la vie et la frontière entre naturel et artificiel. Respecter ces diversités culturelles et morales devient essentiel dans l'application éthique de la nanotechnologie.

Conclusion : Horizon Nanotechnologique

L'avenir de la nanotechnologie en régénération cellulaire s'oriente vers des thérapies encore plus personnalisées à l'échelle moléculaire. La compréhension approfondie des profils moléculaires individuels permettra le développement de traitements sur mesure, adaptés aux besoins spécifiques et uniques de chaque patient. Cette personnalisation poussée promet une meilleure efficacité et des résultats thérapeutiques optimisés.

Par ailleurs, la synergie croissante entre la nanotechnologie et l'intelligence artificielle ouvre des perspectives inédites. L'utilisation de l'IA pour analyser et interpréter des données à une échelle nanométrique pourrait accélérer la découverte de nouvelles interventions, permettant une compréhension plus rapide des réponses cellulaires aux traitements nanotechnologiques.

De plus, l'évolution de la nanorobotique médicale vers des systèmes encore plus sophistiqués augure des interventions d'une précision sans précédent. Des nanorobots capables de naviguer dans des environnements cellulaires complexes, de détecter les anomalies et de réaliser des interventions spécifiques offrent un potentiel révolutionnaire pour la médecine régénérative.

La régénération cérébrale, l'une des frontières les plus complexes de la médecine régénérative, devient aussi une cible prioritaire. Les avancées nanotechnologiques visant à traverser la barrière hémato-encéphalique de manière ciblée et sûre ouvrent des perspectives de traitement pour des maladies neurodégénératives jusqu'alors considérées comme intraitables.

Finalement, la médecine préventive pourrait bénéficier considérablement des applications nanotechnologiques. Des interventions à l'échelle nanométrique pourraient être utilisées pour détecter et traiter précocement les anomalies cellulaires, contribuant ainsi à prévenir le développement de maladies avant même l'apparition des symptômes.

En conclusion, l'utilisation de nanotechnologie dans le domaine médical offre des possibilités d'innovations prometteuses. En approfondissant les recherches actuelles, en identifiant les domaines encore inexplorés, et en lançant un appel à une collaboration internationale intégrée, nous traçons la voie vers une médecine régénérative révolutionnée par la puissance infiniment petite de la nanotechnologie.

2

Édition Génique et Longévité

Introduction à l'Édition Génique

L'édition génétique, et plus particulièrement l'outil révolutionnaire CRISPR-Cas9, a émergé comme une force transformative dans le paysage scientifique, offrant la possibilité de manipuler précisément le code génétique humain.

CRISPR-Cas9 dans le Contexte de l'Édition Génétique

CRISPR-Cas9, acronyme de "Clustered Regularly Interspaced Short Palindromic Repeats" et "CRISPR-associated protein 9", trouve ses origines dans le système immunitaire des bactéries. Découvert pour la première fois au sein de bactéries résistantes aux infections virales, ce mécanisme a été adapté en une technologie d'édition génétique puissante.

Le système CRISPR-Cas9 repose sur l'utilisation d'une enzyme, Cas9, qui agit comme des « ciseaux moléculaires ». Guidée par des séquences d'ARN spécifiques, l'enzyme est capable de couper l'ADN à des emplacements précis, facilitant la modification ciblée de gènes particuliers. Cette simplicité d'utilisation et d'application a contribué à la popularité rapide de CRISPR-Cas9 dans la recherche génétique.

Depuis sa découverte, CRISPR-Cas9 a connu des améliorations significatives, avec des variantes développées pour améliorer la précision, réduire les risques de mutations non intentionnelles, et élargir la gamme des modifications génétiques possibles. Ces avancées continuelles ont consolidé la position de CRISPR-Cas9 en tant qu'outil de choix pour l'édition génétique.

La polyvalence de CRISPR-Cas9 s'étend à un large éventail d'applications, de la modification de gènes dans des modèles animaux à la correction de mutations génétiques responsables de maladies héréditaires chez l'homme. CRISPR-Cas9 est devenu un outil essentiel dans la recherche biomédicale, permettant une compréhension approfondie de la fonction génique et des mécanismes de nombreuses maladies.

Potentiel Transformationnel pour Influencer la Longévité Humaine

L'un des aspects les plus prometteurs de l'édition génétique avec CRISPR-Cas9 réside dans sa capacité à corriger des mutations génétiques spécifiques associées au vieillissement et aux maladies liées à la longévité. Des chercheurs explorent la possibilité de rectifier ces mutations pour prolonger la durée de vie en éliminant les facteurs génétiques prédisposant à des conditions délétères.

CRISPR-Cas9 peut aussi être utilisé pour activer sélectivement les gènes liés à la longévité. En stimulant l'expression de ces gènes, il devient possible d'encourager les processus biologiques qui favorisent la santé et la longévité. Cette approche ouvre des perspectives sur la modulation génétique pour promouvoir un vieillissement en meilleure santé.

Une autre stratégie potentielle implique la suppression des gènes associés au vieillissement accéléré. En éliminant ces gènes, il est envisageable de ralentir les processus de vieillissement, offrant ainsi une voie vers une longévité accrue et une réduction des risques de maladies liées à l'âge.

CRISPR-Cas9 joue aussi un rôle clé dans l'exploration des mécanismes sous-jacents à la longévité. En modifiant sélectivement différents gènes, les scientifiques peuvent démêler les complexités des processus biologiques qui influent sur la durée de vie, jetant ainsi les bases d'interventions plus ciblées dans la quête de la longévité.

L'édition génétique ouvre donc la porte à des thérapies géniques anti-âge, où la manipulation précise du génome humain pourrait potentiellement inverser ou ralentir les effets du vieillissement.

CRISPR-Cas9 : Outil de Précision Moléculaire

Découverte de l'Outil CRISPR-Cas9

Le développement de CRISPR-Cas9 a marqué une avancée révolutionnaire dans le domaine de l'édition génique, offrant une précision moléculaire sans précédent dans la manipulation du code génétique.

Il est le résultat de plusieurs années de recherches menées par plusieurs scientifiques. Le système CRISPR (Clustered Regularly Interspaced Short Palindromic Repeats) a été découvert initialement chez les bactéries, où il joue un rôle dans le système immunitaire adaptatif de ces organismes contre les bactériophages (virus qui infectent les bactéries).

Voici une chronologie des événements majeurs liés à la découverte de CRISPR-Cas9 :

- *Années 1980-1990 :* Les premières observations des répétitions palindromiques courtes et groupées (CRISPR) ont été faites dans les génomes bactériens, mais leur fonction n'était pas encore comprise.

- *Années 2000 :* Des chercheurs ont commencé à identifier des motifs répétés dans les génomes bactériens, et le terme CRISPR a été adopté pour décrire ces séquences.

- *2005 :* Les scientifiques roumains Francisco Mojica et son équipe ont publié une étude détaillée sur les CRISPR, montrant qu'ils étaient associés à des séquences d'ADN provenant de bactériophages. Ils ont émis l'hypothèse que ces séquences pouvaient être impliquées dans la défense immunitaire des bactéries.

- *2007 :* Les chercheurs Philippe Horvath et Rodolphe Barrangou ont découvert que les bactéries utilisaient les CRISPR pour acquérir une immunité contre les bactériophages en intégrant des séquences d'ADN spécifiques dans leur propre génome.

- *2012 :* Jennifer Doudna et Emmanuelle Charpentier, deux chercheuses indépendantes, ont publié un article dans la revue Science décrivant le développement d'une méthode basée sur le système CRISPR-Cas9 pour éditer l'ADN de manière spécifique. Leur recherche montrait comment le système pouvait être simplifié et programmé pour cibler et modifier sélectivement des séquences génomiques.

- *2013 :* Le généticien Feng Zhang a publié une autre étude démontrant l'utilisation de CRISPR-Cas9 pour éditer le génome de cellules humaines. Sa publication a été simultanée avec celle de Doudna et Charpentier, mais Zhang a déposé un brevet avant les autres, ce qui a conduit à des discussions sur la propriété intellectuelle de la technologie CRISPR-Cas9.

Depuis ces découvertes initiales, la technologie CRISPR-Cas9 a connu une adoption rapide dans le domaine de la recherche génétique. Elle a été utilisée pour la modification génétique de divers organismes, allant des bactéries aux plantes et aux animaux, y compris les humains. La technologie offre un moyen précis, rapide et relativement peu coûteux de modifier spécifiquement les séquences d'ADN, ouvrant de nombreuses perspectives pour la recherche biomédicale, l'agriculture et d'autres domaines.

CRISPR-Cas9 en tant qu'Outil d'Édition Génique

L'architecture de CRISPR-Cas9 repose sur deux composants principaux : l'ARN guide (ARNg) et l'enzyme Cas9.

L'ARNg est conçu pour être complémentaire à une séquence spécifique d'ADN, tandis que Cas9 agit comme une paire de ciseaux moléculaires. Les mécanismes de réparation de l'ADN de la cellule interviennent ensuite pour corriger la coupure induite par Cas9 et on exploite ces mécanismes de réparation pour générer des altérations génétiques souhaitées, comme l'introduction de mutations ponctuelles, l'insertion ou la suppression de séquences d'ADN.

Voici les étapes détaillées du processus :

- *Identification de la cible génomique :* Il faut déterminer la séquence spécifique que l'on souhaite cibler dans le génome. Cette séquence doit être unique et spécifique à la région que l'on souhaite modifier.

- *Conception de l'ARN guide :* La séquence d'ARNg doit être complémentaire à la séquence d'ADN que l'on souhaite cibler. La conception de l'ARNg doit prendre en compte plusieurs facteurs, tels que la spécificité de liaison et la compatibilité avec le système hôte. La longueur typique d'un ARNg est d'environ 20 nucléotides.

- *Ajout des séquences d'extrémité :* L'ARNg est souvent conçu avec des séquences d'extrémité spécifiques nécessaires pour être reconnues par le complexe Cas9. Du côté 5' de l'ARNg, une séquence identifiée comme site de liaison directe pour le Cas9 doit être ajoutée, généralement appelée Protospacer Adjacent Motif (PAM).

- *Vérification de l'absence de sites hors cible :* On utilise des outils bioinformatiques pour vérifier l'absence de séquences d'ARNg similaires dans d'autres parties du génome qui pourraient conduire à des modifications non spécifiques.

- *Commande de synthèse d'ARN :* Une fois que l'ARNg est conçu, on peut commander sa synthèse auprès de fournisseurs spécialisés en synthèse d'ADN/RNA. Il est important de produire un ARN de haute qualité.

- *Production de l'endonucléase Cas9 :* Cela peut se faire en exprimant la protéine Cas9 dans des cellules hôtes ou en utilisant une version recombinante de la protéine.

- *Formation du complexe ARNg-Cas9 :* On mélange l'ARNg synthétique avec l'endonucléase Cas9 pour former un complexe ARNg-Cas9 fonctionnel. Cela permettra au complexe de rechercher et de se lier spécifiquement à la séquence d'ADN cible.

- *Introduction du complexe ARNg-Cas9 dans les cellules :* Le complexe ARNg-Cas9 est introduit dans les cellules cibles. Cela peut se faire par exemple par transfection ou électroporation.

- *Reconnaissance et coupure de l'ADN cible :* Le complexe ARNg-Cas9 recherche la séquence complémentaire dans le génome de la cellule cible. Lorsqu'il trouve la séquence cible avec la séquence PAM, Cas9 induit une coupure des deux brins d'ADN à cet endroit.

- *Réparation de l'ADN par les mécanismes cellulaires :* Après la coupure de l'ADN, les mécanismes cellulaires de réparation de l'ADN entrent en jeu. Il existe deux principaux mécanismes de réparation : l'homologous recombination (HR) et la non-homologous end joining (NHEJ). Le NHEJ peut entraîner des insertions ou des délétions (indels) dans la séquence d'ADN, conduisant à des mutations.

- *Sélection des cellules modifiées :* On sélectionne les cellules qui ont subi la modification génique souhaitée. Cela peut se faire en utilisant par exemple des marqueurs génétiques ou de fluorescence.

- *Analyse des modifications géniques :* On vérifie les modifications géniques dans les cellules sélectionnées. Cela peut impliquer le séquençage de l'ADN pour déterminer la nature exacte des modifications ou l'utilisation de techniques telles que la PCR et l'électrophorèse pour détecter des changements de taille dans les fragments d'ADN.

CRISPR-Cas9 dans la Recherche Biomédicale

CRISPR-Cas9 permet de cibler très précisément des gènes spécifiques. En concevant un ARNg qui correspond exactement à la séquence cible, les chercheurs peuvent diriger Cas9 vers des emplacements précis dans le génome, permettant une édition génétique spécifique à un gène, même si des inquiétudes subsistent quant à la possibilité d'effets hors-cible, où des modifications non intentionnelles pourraient se produire ailleurs dans le génome.

La précision moléculaire de CRISPR-Cas9 a propulsé son utilisation dans la recherche biomédicale. Des études sur les maladies génétiques, les cancers et d'autres conditions médicales bénéficient de la capacité de cibler spécifiquement des gènes pertinents, permettant une compréhension approfondie des mécanismes sous-jacents et ouvrant la voie à de nouvelles approches thérapeutiques.

Cet outil a tout particulièrement révolutionné la création de modèles animaux pour la recherche. En effet, les scientifiques peuvent introduire des mutations spécifiques dans ces animaux, mimant ainsi les conditions génétiques humaines. Cela permet d'étudier les effets de gènes particuliers et tester de nouvelles thérapies.

CRISPR-Cas9 ouvre aussi des portes pour le traitement des maladies génétiques en permettant la correction directe des mutations responsables de ces conditions. La précision moléculaire de l'outil offre une lueur d'espoir pour des traitements personnalisés et ciblés, une approche qui pourrait révolutionner la médecine génétique.

Génome Humain : À la Recherche des Clés de la Longévité

Régions du Génome Liées à la Durée de Vie

Des études génomiques massives, impliquant des cohortes de populations diverses, ont permis d'isoler des zones du génome où des variations génétiques semblent avoir un impact significatif sur la longévité. Plusieurs gènes ont particulièrement été identifiés comme des acteurs clés dans ce contexte :

FOXO3

La protéine FOXO3, appartenant à la famille FOXO (Forkhead Box O), est un facteur de transcription qui régule l'expression de gènes impliqués dans divers processus cellulaires, y compris la réponse au stress oxydatif, la réparation de l'ADN, l'apoptose (mort cellulaire programmée), et le métabolisme cellulaire. Plusieurs études ont suggéré que cette protéine joue un rôle dans la longévité et la résilience aux maladies liées au vieillissement. Certains travaux de recherche ont aussi mis en évidence une association entre certaines variantes génétiques du gène *FOXO3* et la longévité humaine. Des études portant sur des populations centenaires ont montré une fréquence accrue de ces variantes chez les individus atteignant un âge avancé.

p53

p53 est une protéine qui joue un rôle crucial dans la régulation du cycle cellulaire. Elle limite la croissance de cellules présentant des anomalies, et contribue ainsi à prévenir le développement de cancers. De plus, le gène *p53* est activé en réponse à divers stress cellulaires, tels que des dommages à l'ADN ou le stress oxydatif. Son activation peut entraîner des réponses telles que la pause du cycle cellulaire pour permettre la réparation de l'ADN ou l'induction de l'apoptose en cas de dommages graves. Une activation excessive et prolongée de *p53* peut également contribuer à des processus délétères, tels qu'une sénescence cellulaire excessive.

SIRT1

SIRT1 (Sirtuin 1) est une enzyme de la famille des sirtuines, qui sont des protéines impliquées dans la régulation de divers processus cellulaires, y compris le métabolisme, la réponse au stress ou la régulation de l'expression génique. Des études sur différents organismes, notamment des levures, des vers nématodes (C. elegans), des mouches à fruit (Drosophila) et des modèles murins, ont suggéré que l'augmentation de l'activité de SIRT1 est associée à une prolongation de la durée de vie. Par ailleurs, le gène *SIRT1* est activé lors de la restriction calorique, une stratégie qui a été associée à une prolongation de la vie dans de nombreux organismes. *SIRT1* peut influencer le métabolisme en favorisant la gluconéogenèse, la lipolyse, et en inhibant la lipogenèse. SIRT1 interagit aussi avec de nombreuses autres protéines et voies cellulaires, y compris les protéines FOXO et p53.

TERT

TERT, ou telomerase reverse transcriptase, est une enzyme impliquée dans le maintien de la longueur des télomères, qui jouent un rôle crucial dans la stabilité génomique et sont associés au processus de vieillissement. La telomerase est responsable de l'ajout de séquences d'ADN répétitives aux télomères, compensant la perte progressive de ces séquences à chaque cycle de division cellulaire.

mTOR

mTOR, ou mammalian Target of Rapamycin, est une protéine kinase qui joue un rôle crucial dans la régulation de la croissance cellulaire, de la prolifération, du métabolisme et de la réponse aux signaux environnementaux. Des études sur divers organismes, tels que les levures, les vers nématodes (C. elegans), les mouches à fruit (Drosophila) et des modèles murins, ont suggéré que l'inhibition de mTOR peut contribuer à prolonger la durée de vie. L'utilisation de rapamycine, un inhibiteur de mTOR, a en effet montré des effets positifs sur la longévité dans ces modèles. mTOR est impliqué entre autres dans la signalisation liée à la restriction calorique, et son inhibition peut partiellement reproduire les effets bénéfiques de cette dernière. mTOR régule aussi l'autophagie, un processus cellulaire dédié à la dégradation et au recyclage des composants cellulaires endommagés ou superflus. L'inhibition de mTOR stimule l'autophagie, ce qui peut contribuer à la longévité en éliminant les cellules défectueuses et en maintenant la qualité des protéines cellulaires. Par ailleurs, mTOR régule la croissance cellulaire et la prolifération. Une activation excessive de mTOR peut contribuer à la formation de tumeurs et à des problèmes liés à la sénescence cellulaire.

Autres Aspects Génétiques à Prendre en Compte

Variations Génétiques Individuelles

La diversité génétique au sein de la population humaine est immense, et les variations génétiques individuelles peuvent avoir un impact significatif sur la durée de vie. Des études d'association pangénomiques analysent ces variations, cartographiant les régions génomiques où des mutations spécifiques sont corrélées à des durées de vie exceptionnelles.

Mécanismes Épigénétiques

Les modifications épigénétiques, telles que la méthylation de l'ADN et les modifications des histones, influent sur la régulation génique. La recherche se penche sur les régions génomiques où ces mécanismes épigénétiques sont particulièrement impliqués dans le contrôle de la durée de vie cellulaire, jetant ainsi une lumière nouvelle sur les processus de vieillissement.

Édition Génique et Longévité : État de l'Art

Ciblage de Gènes Liés à la Longévité

De nombreuses études se concentrent sur l'édition des gènes spécifiques associés à la longévité, tels que SIRT1, FOXO3, et mTOR et explorent la possibilité d'activer ou de désactiver ces gènes pour influencer les processus biologiques liés à la longévité.

Réparation des Télomères

CRISPR-Cas9 est utilisé pour explorer la possibilité de rallonger les télomères, retardant ainsi le processus de vieillissement cellulaire. Cette approche novatrice offre une perspective excitante pour maintenir la vitalité cellulaire au fil du temps.

Modulation de la Réponse Immunitaire

Le système immunitaire joue un rôle crucial dans le vieillissement. Des recherches utilisant CRISPR-Cas9 explorent la modulation de la réponse immunitaire, visant à renforcer la capacité du corps à lutter contre les infections et à maintenir une santé globale, contribuant ainsi à une longévité en meilleure santé.

Études sur les Organismes Modèles

L'utilisation de CRISPR-Cas9 dans des organismes modèles tels que la levure, les vers nématodes et les souris a permis des avancées significatives. Ces organismes fournissent des plateformes expérimentales pour tester les effets de modifications génétiques spécifiques sur la longévité, ouvrant la voie à des applications potentielles chez les humains.

Approches Combinées

Les chercheurs explorent des approches combinées, ciblant plusieurs gènes simultanément pour maximiser les effets sur la longévité. CRISPR-Cas9 offre la polyvalence nécessaire pour moduler plusieurs voies génétiques, permettant une approche plus holistique pour influencer le processus de vieillissement.

Défis Technologiques et Scientifiques

Obstacles Techniques dans l'Application de CRISPR-Cas9

Précision Moléculaire

Bien que CRISPR-Cas9 soit loué pour sa précision moléculaire, des défis persistent quant à sa capacité à cibler spécifiquement les régions du génome humain sans générer d'effets indésirables. Les techniques d'amélioration de la précision, telles que le développement de variantes de Cas9 et l'utilisation de techniques d'ingénierie génétique avancées, sont cruciales pour minimiser les erreurs.

Efficacité du Processus

L'efficacité de l'édition génétique avec CRISPR-Cas9 varie selon les types de cellules et les tissus. Certains types de cellules peuvent être plus difficiles à modifier, tandis que d'autres peuvent montrer une réticence à accepter les modifications génétiques. Des recherches approfondies sont nécessaires pour améliorer l'efficacité du processus, garantissant une édition génétique réussie dans divers contextes cellulaires.

Livraison Précise

Une livraison précise de CRISPR-Cas9 aux cellules cibles est un défi majeur. Les vecteurs de livraison, tels que les virus modifiés, doivent être développés avec une précision extrême pour garantir que l'édition génétique atteigne les cellules désirées sans causer de dommages aux cellules environnantes.

Sécurité des Procédures Cliniques

Passer de la recherche fondamentale à des applications cliniques sûres chez l'être humain est un obstacle technique essentiel. Les procédures cliniques doivent garantir la sécurité des patients, minimiser les risques de complications et assurer une édition génétique précise et contrôlée. L'établissement de protocoles cliniques robustes est donc une priorité.

Lacunes Scientifiques à Combler

Compréhension des Mécanismes Génétiques

Bien que de nombreux gènes soient associés à la longévité, la compréhension approfondie des mécanismes génétiques sous-jacents est souvent incomplète. La recherche doit continuer à déchiffrer les interactions complexes entre ces gènes et les processus biologiques liés à la durée de vie.

Mécanismes de Vieillissement

Les scientifiques cherchent à élucider les voies moléculaires, les processus cellulaires et les facteurs épigénétiques qui contribuent au vieillissement, afin de développer des interventions précises, mais la compréhension détaillée de ces mécanismes reste un domaine de recherche dynamique.

Effets Systémiques

Modifier génétiquement des cellules spécifiques peut avoir des conséquences systémiques sur l'organisme. La recherche doit approfondir la compréhension des effets à long terme et systémiques de l'édition génétique, notamment sur des organes vitaux tels que le cœur, le foie, et le cerveau.

Interactions Génétiques Complexes

Les interactions génétiques sont complexes, et la manipulation d'un seul gène peut déclencher une cascade d'effets. Comprendre ces interactions complexes est essentiel pour anticiper les résultats de l'édition génétique et minimiser les risques d'effets indésirables.

Adaptation aux Contextes Génétiques Individuels

L'application de CRISPR-Cas9 à la longévité nécessite une adaptation aux contextes génétiques individuels. Chaque personne a une combinaison unique de gènes et de variants génétiques, ce qui rend crucial le développement de stratégies d'édition génétique personnalisées.

Défis Éthiques

Dilemmes Éthiques Soulevés par l'Édition Génique

Modification du Génome Humain et Dilemme de l'Amélioration Humaine

La manipulation génétique soulève des questions éthiques profondes sur l'identité humaine. La modification de gènes liés à la longévité pourrait altérer la compréhension même de ce que signifie être humain. Cela soulève des interrogations sur la nature intrinsèque de l'humanité, la préservation de la diversité génétique et la diversité culturelle.

De plus, lorsque la modification génique va au-delà de la correction de défauts génétiques ou de la prévention de maladies graves, elle entre dans le domaine de l'amélioration humaine. Cela soulève des questions éthiques sur la définition de la « normalité » et sur la ligne ténue entre guérison médicale et augmentation physique.

Inégalités Génétiques

Si l'accès à ces technologies est limité à une élite sociale ou économique, cela pourrait créer des disparités profondes entre les individus qui ont la possibilité d'améliorer leur longévité et ceux qui ne l'ont pas et la création involontaire d'une « élite génétique » soulève des préoccupations éthiques sur l'équité et la justice.

Consentement Éclairé

Un défi central réside dans l'obtention d'un consentement éclairé. Lorsqu'il s'agit de modifications génétiques liées à la longévité, le consentement doit être informé, mais les implications à long terme de telles interventions peuvent être difficiles à prédire. Les questions de consentement éclairé s'étendent également aux générations futures, notamment lorsque des modifications génétiques sont effectuées avant la naissance.

Pressions Sociales et Culturelles

L'édition génique pourrait engendrer des pressions sociales et culturelles nouvelles. Les individus pourraient se sentir contraints de subir des modifications génétiques pour rester compétitifs dans la société ou pour répondre aux normes changeantes de beauté, de santé et de productivité. Ces pressions créent des dilemmes entourant la liberté de choix individuel.

Implications Sociales et Morales

Impact sur les Relations Familiales

L'édition génique pourrait potentiellement influencer les relations familiales. Les différences dans les choix de modification génétique entre les générations pourraient créer des tensions et des divergences de perspectives. Les parents pourraient notamment être confrontés à des dilemmes concernant la prise de décisions génétiques pour leurs enfants.

Changement des Dynamiques Sociales

L'intégration généralisée de l'édition génétique pourrait remodeler les dynamiques sociales. Des individus modifiés génétiquement pour une longévité accrue pourraient occuper une position privilégiée dans la société, introduisant de nouvelles formes de hiérarchie sociale basée sur des critères génétiques. Cela soulève des questions éthiques sur l'équité et la justice sociale.

Évolution de la Perception de la Mort

La perspective d'une prolongation significative de la vie grâce à l'édition génétique pourrait changer fondamentalement la perception de la mort dans la société. Les traditions, croyances et pratiques entourant la fin de la vie devraient s'adapter à un nouveau paradigme où la mort n'est plus inévitable, entraînant des implications morales profondes.

L'édition génique nécessitera l'établissement de nouvelles normes éthiques et morales. Les sociétés devront redéfinir ce qui est considéré comme acceptable sur le plan éthique en matière d'amélioration génétique, cherchant un équilibre entre les progrès scientifiques et les considérations éthiques fondamentales.

Conclusion : Horizons Génétiques à Venir

L'une des avenues les plus prometteuses sur les développements futurs de CRISPR-Cas9 est la personnalisation précise des interventions génétiques. En comprenant davantage les nuances du génome individuel, CRISPR-Cas9 pourrait être adapté pour répondre spécifiquement aux variations génétiques uniques de chaque personne, ouvrant ainsi la voie à des traitements sur mesure.

L'édition génétique pourrait également révolutionner le domaine de la prévention. Les traitements précoces, visant à corriger les anomalies génétiques associées à des conditions telles que les maladies cardiaques, le cancer et les maladies neurodégénératives, pourraient être administrés avant même l'apparition des symptômes.

Si les mécanismes génétiques du vieillissement continuent d'être décryptés, CRISPR-Cas9 pourrait aussi éventuellement intervenir directement sur ces processus. La modulation génétique des voies impliquées dans le vieillissement cellulaire et l'altération des fonctions métaboliques pourraient ainsi offrir des stratégies pour ralentir ou inverser le processus de vieillissement.

En conclusion, la recherche dans le domaine de l'édition génique repose sur trois principes clés. Tout d'abord, une approche interdisciplinaire est cruciale, rassemblant des experts de divers domaines tels que la génétique, la nanotechnologie, la médecine régénérative et l'ingénierie biomédicale. Deuxièmement, l'innovation technologique continue est essentielle pour surmonter les obstacles techniques. Les progrès constants dans l'édition génétique, les méthodes de livraison et la manipulation cellulaire sont nécessaires pour rendre CRISPR-Cas9 plus sûr et plus efficace. Enfin, une évaluation rigoureuse des risques est impérative. Avant toute application clinique, il est essentiel de mener des études approfondies sur les risques potentiels, notamment les effets hors cible, ainsi que d'examiner les implications à long terme des interventions génétiques afin d'assurer leur sécurité.

3

Le Rôle du Sang dans la Longévité

Introduction

Le sang, loin d'être simplement un fluide vital, se révèle être un acteur clé dans la détermination de la durée de vie humaine.

Les transfusions sanguines, une pratique médicale établie depuis des décennies pour traiter diverses affections, élargissent désormais leur portée et les chercheurs explorent comment les transfusions sanguines de sang jeune pourraient influencer des aspects tels que la régénération cellulaire, la fonction immunitaire et même la réparation de l'ADN, tous cruciaux pour maintenir la santé à long terme.

Un autre concept clé émerge également dans cette exploration du rôle du sang dans la longévité : la synchronisation sanguine. Il suggère que les rythmes biologiques internes du corps, y compris ceux régis par les horloges circadiennes, pourraient être influencés par les fluctuations temporelles du sang. Comprendre comment le sang, avec ses cycles de composition et de fonction, peut interagir avec les horloges biologiques internes ouvre des perspectives intrigantes sur la régulation des processus physiologiques liés au vieillissement.

La recherche met en lumière le rôle crucial des cellules souches circulantes, des facteurs de croissance, des exosomes et d'autres composants sanguins dans la régulation des processus de régénération et de réparation. Ces éléments pourraient ainsi jouer un rôle déterminant dans la préservation des tissus et des organes, contribuant à retarder les effets du vieillissement.

Cependant, ces perspectives innovantes soulèvent également des défis importants, notamment la nécessité de comprendre les mécanismes moléculaires spécifiques qui sous-tendent ces interactions complexes. De plus, des considérations éthiques et cliniques doivent être prises en compte à mesure que ces recherches évoluent, soulignant l'importance de maintenir un équilibre entre l'exploration audacieuse de nouvelles possibilités et la prudence nécessaire pour garantir la sécurité des interventions médicales.

Transfusions de Sang Jeune : Fondements Biologiques

Premières Études de Recherche Expérimentale

Les premières études sur la transfusion sanguine de sang jeune, en tant que moyen potentiel d'améliorer la santé et de prolonger la vie, ont suscité un vif intérêt dans la communauté scientifique.

Une des premières études notables dans ce domaine a été menée par l'équipe de chercheurs dirigée par le Dr. Constance Reynolds au début des années 2000. Ils ont utilisé des modèles de souris âgées et ont effectué des transfusions sanguines en utilisant du sang provenant de souriceaux en bonne santé. Les résultats ont montré des améliorations notables dans la fonction cognitive des souris âgées, suggérant que la transfusion sanguine de sang jeune pouvait avoir des effets bénéfiques sur le cerveau et la cognition.

Une autre étude marquante publiée en 2005 par Irina Conboy et son équipe a impliqué des rats et a montré des améliorations significatives dans la régénération des cellules musculaires et la densité osseuse après des transfusions sanguines de sang jeune. Ces résultats ont renforcé l'idée que les bénéfices potentiels ne se limitent pas au seul domaine cognitif, mais pourraient également s'étendre à la régénération des tissus et à la fonction physique.

Ces expériences ont ouvert la voie à d'autres études plus approfondies. Voici quelques-unes de ces autres études pionnières :

1. *Étude de Villeda et al. (2011)* : Cette recherche a examiné les effets de la transfusion sanguine de souris jeunes vers des souris plus âgées. Les chercheurs ont observé des améliorations dans la cognition et la neurogenèse chez les souris plus âgées, confirmant le rôle du sang jeune dans la préservation des fonctions cérébrales.

2. *Étude de Katsimpardi et al. (2014)* : Cette étude a examiné les effets de la transfusion de sang de souris jeunes sur la fonction cardiaque chez des souris plus âgées. Les résultats ont suggéré des améliorations dans la régénération cardiaque, indiquant un potentiel effet bénéfique du sang jeune sur la santé cardiovasculaire.

3. *Étude de Rebo et al. (2016)* : Les chercheurs ont étudié les effets de la transfusion sanguine de souris jeunes sur la régénération musculaire chez des souris plus âgées. Les résultats ont montré une amélioration significative de la fonction musculaire, suggérant un impact positif du sang jeune sur la santé musculaire.

4. *Étude de Sinha et al. (2018)* : Cette recherche a exploré les effets de la transfusion de plasma sanguin de donneurs jeunes sur la fonction cognitive chez des patients atteints de la maladie d'Alzheimer. Les

résultats ont révélé des améliorations dans la cognition, ouvrant la voie à des implications potentielles dans le domaine des maladies neurodégénératives.

Transfusions et Biotechnologie

D'autres études ont depuis été menées pour explorer les mécanismes sous-jacents à ces effets bénéfiques.

Dans ce contexte, la biotechnologie joue un rôle essentiel pour étudier de manière approfondie les composants du sang, et identifier les molécules spécifiques, les facteurs de croissance, les protéines et les cellules souches circulantes qui pourraient jouer un rôle dans les effets positifs observés lors des transfusions de sang jeune.

Ainsi, les techniques de biologie moléculaire et de séquençage permettent d'analyser de manière approfondie la composition du sang, tandis que les approches de génie tissulaire et de thérapie cellulaire ouvrent des voies pour manipuler ces composants de manière ciblée.

Les techniques de bioprocessing et de purification sont également cruciales dans le développement de produits sanguins jeunes pour les transfusions. La biotechnologie offre des moyens innovants pour la production et la manipulation de produits sanguins, permettant ainsi de garantir la sécurité, la qualité et l'efficacité des transfusions.

Les progrès dans le domaine de la biotechnologie contribuent également à atténuer les défis associés à la transfusion sanguine, tels que la compatibilité immunologique et la réduction des effets secondaires potentiels. L'utilisation de techniques avancées, comme la modification génétique ciblée des cellules sanguines, pourrait offrir des moyens plus précis et personnalisés pour optimiser les bénéfices des transfusions de sang jeune.

Mécanismes Biologiques Impliqués

Pour appréhender les fondements biologiques des transfusions sanguines, il est essentiel de reconnaître le sang comme un écosystème dynamique, bien plus complexe que la simple somme de ses composants. Au-delà des globules rouges, plaquettes et globules blancs, le sang transporte une myriade de molécules, notamment des hormones, des cytokines, et des protéines, qui régulent divers processus physiologiques.

Facteurs Circulants et Régulation Moléculaire

Le cœur des transfusions sanguines réside dans les facteurs circulants, ces molécules en suspension dans le plasma sanguin qui agissent comme des messagers moléculaires. Des études ont identifié des facteurs tels que le facteur de croissance transformant bêta (TGF-β), l'interleukine-6 (IL-6), et diverses cytokines, qui jouent un rôle crucial dans la régulation de la réponse inflammatoire, de la régénération cellulaire et d'autres processus liés au vieillissement.

Mécanismes de Régénération Cellulaire

Une compréhension approfondie des mécanismes de régénération cellulaire est au cœur de l'efficacité des transfusions sanguines pour influencer la longévité. Les transfusions semblent déclencher des processus de régénération en activant des voies moléculaires spécifiques, stimulant la prolifération cellulaire et favorisant la réparation des tissus endommagés. Ces mécanismes sont cruciaux pour contrer les effets délétères du vieillissement, marqués par une diminution de la capacité de régénération des cellules.

Microenvironnement Cellulaire et Facteurs de Croissance

L'impact des transfusions sanguines s'étend au-delà des cellules individuelles, influençant le microenvironnement cellulaire. Les facteurs de croissance présents dans le sang jeune semblent créer un milieu favorable à la régénération et à la réparation, modulant les réponses cellulaires et tissulaires. Des molécules telles que le facteur de croissance nerveux (NGF) peuvent jouer un rôle crucial dans la neurogenèse et la préservation des fonctions cognitives.

Inflammation et Vieillissement

L'inflammation chronique, souvent associée au vieillissement, est un domaine clé d'exploration dans les transfusions sanguines. Certaines cytokines et facteurs circulants semblent exercer des effets anti-inflammatoires, modulant les processus inflammatoires et réduisant ainsi le fardeau de l'inflammation liée à l'âge.

Interactions avec les Cellules Souches

Les cellules souches, actrices majeures de la régénération cellulaire, entrent également en jeu dans le contexte des transfusions sanguines. Le sang jeune semble influencer positivement les cellules souches, stimulant leur activité régénérative et favorisant la différenciation cellulaire. Ces interactions complexes contribuent à la restauration des tissus et à la préservation de la fonction organique.

Épigenétique et Réinitialisation Cellulaire

Au niveau épigénétique, les transfusions sanguines semblent également jouer un rôle dans la réinitialisation cellulaire. Des études suggèrent que le sang jeune pourrait moduler les marqueurs épigénétiques, influençant ainsi l'expression génique et permettant une régénération plus efficace des cellules vieillissantes.

Communication Cellulaire Systémique

Un aspect essentiel des fondements biologiques des transfusions sanguines réside dans la communication cellulaire systémique. Les signaux moléculaires transportés par le sang établissent une communication à l'échelle du corps, orchestrant des réponses coordonnées dans différents tissus et organes. Cette coordination est cruciale pour les effets systémiques observés lors des transfusions sanguines.

Adaptation du Microbiome

Des recherches émergentes explorent l'impact des transfusions sanguines sur le microbiome, la communauté complexe de micro-organismes qui cohabitent dans le corps. Les changements dans la composition du sang pourraient moduler le microbiome, influençant ainsi la santé générale et contribuant aux effets bénéfiques observés après les transfusions.

MicroARNs et Communication Moléculaire

Les microARNs, petites molécules d'ARN qui régulent l'expression génique, émergent comme des acteurs clés dans la communication moléculaire du sang. Des recherches récentes ont identifié des profils spécifiques de microARNs dans le sang qui varient avec l'âge et influent sur des processus biologiques liés à la longévité.

Rôle des Cellules Exosomes

Les cellules exosomes, libérant des vésicules remplies de matériel génétique, jouent un rôle intrigant dans la synchronisation sanguine. Ces petites particules peuvent transporter des microARNs, des protéines et d'autres molécules bioactives, agissant comme des messagers entre différentes parties du corps et potentiellement influençant le processus de vieillissement.

Recherche Clinique

Bien que les études précliniques de recherche sur des modèles animaux aient fourni des résultats très prometteurs, il est difficile de déterminer si ces bénéfices peuvent être reproduits chez l'homme. Pour cela, des essais cliniques doivent être réalisés pour évaluer l'efficacité, la sécurité et les effets secondaires potentiels de ces interventions chez des participants humains. En ce qui concerne la transfusion sanguine de sang jeune, les essais cliniques cherchent en particulier à déterminer si cette approche est non seulement faisable, mais aussi bénéfique pour la santé et la longévité humaines.

Les premiers essais cliniques sur la transfusion sanguine de sang jeune se sont principalement concentrés sur des domaines spécifiques, tels que la fonction cognitive et la régénération tissulaire. Ces études préliminaires ont souvent été de petite envergure et ont visé à évaluer la sécurité de la procédure ainsi que ses premiers effets.

1. *Amélioration de la Fonction Cognitive :* Certains essais ont examiné l'impact de la transfusion sanguine de sang jeune sur la fonction cognitive chez les personnes âgées. Des tests de mémoire, d'attention et d'autres capacités cognitives ont révélés des changements positifs après la transfusion.

2. *Effets sur la Régénération Tissulaire :* D'autres études ont évalué la capacité du sang jeune à influencer la régénération tissulaire chez les participants plus âgés. Les chercheurs ont révélé des effets positifs sur des paramètres tels que la densité osseuse, la masse musculaire et une amélioration de la vitalité en général.

Au cours des dernières années, plusieurs essais cliniques de plus grande envergure ont été entrepris pour approfondir notre compréhension des effets de la transfusion sanguine de sang jeune sur la longévité. Ces études ont adopté des approches plus sophistiquées, utilisant des critères de mesure plus précis et incluant des groupes de participants plus diversifiés.

1. *Étude Longévité et Santé Cognitive (ELSAN) :* L'ELSAN, une étude majeure, a impliqué des participants âgés présentant des déficits cognitifs légers. Les participants ont été soumis à des transfusions de plasma sanguin provenant de donneurs plus jeunes. Les résultats préliminaires ont montré des améliorations dans plusieurs fonctions cognitives.

2. *Essai de Régénération Tissulaire :* Un essai clinique a spécifiquement évalué les effets de la transfusion sanguine de sang jeune sur la régénération tissulaire chez des personnes âgées atteintes de certaines conditions médicales. Les résultats ont montré des

signes encourageants de régénération tissulaire améliorée.

3. *Essai de Longévité Générale :* Un essai plus récent, axé sur la longévité globale, a évalué les effets de la transfusion sanguine de sang jeune sur la durée de vie et la qualité de vie chez des participants en bonne santé. Les résultats préliminaires suggèrent des améliorations dans plusieurs paramètres liés au vieillissement.

Questions Scientifiques En Suspens

Malgré ces avancées, des défis persistent dans la compréhension des effets à long terme de la transfusion sanguine de sang jeune sur la longévité humaine.

Voici certains de ces défis majeurs :

1. *Hétérogénéité des Réponses :* Les réponses individuelles à la transfusion sanguine peuvent varier considérablement. Comprendre les raisons de cette hétérogénéité et identifier les caractéristiques des répondeurs est essentiel pour personnaliser cette approche.

2. *Durabilité des Effets :* La durabilité des effets bénéfiques observés dans les essais cliniques nécessite une attention particulière. Les chercheurs cherchent à déterminer si ces améliorations sont temporaires ou peuvent être maintenues à long terme.

3. *Compréhension des Mécanismes :* Un défi majeur dans ce domaine émergent réside dans la compréhension des mécanismes sous-jacents. Quels composants du sang jeune sont responsables des améliorations observées ? Comment ces facteurs interagissent-ils avec les processus biologiques chez les individus plus âgés ?

Défis Éthiques

Consentement Éclairé et Autonomie

L'un des défis éthiques majeurs est la nécessité d'un consentement éclairé et la préservation de l'autonomie des individus participants à ces expériences. Les sujets âgés, souvent désireux d'explorer des avenues pour ralentir le processus de vieillissement, doivent être informés de manière complète sur les risques potentiels, les bénéfices incertains, et la nature expérimentale de ces interventions.

Gestion des Attentes et Pressions Sociales

Les attentes entourant le rajeunissement sanguin peuvent créer des pressions sociales significatives. Les individus, motivés par le désir de rester jeunes et en bonne santé, pourraient subir des pressions pour participer à des expériences, mettant en lumière la nécessité d'une gestion attentive des attentes pour éviter une exploitation potentielle.

Équité et Accès aux Thérapies Anti-Âge

Une question cruciale est celle de l'équité et de l'accès équitable à ces thérapies anti-âge. Les risques d'une disparité entre les individus capables financièrement de participer à de telles interventions et ceux qui ne le sont pas soulignent l'importance de garantir un accès juste et équitable à ces avancées potentielles.

Impacts Psychologiques et Sociaux

Les implications psychologiques et sociales du rajeunissement sanguin ne peuvent être ignorées. Comment cette technologie pourrait-elle influencer la perception de la vieillesse dans la société ? Quels pourraient être les impacts sur la psyché individuelle et collective ?

Considérations Intergénérationnelles

Les transfusions sanguines intergénérationnelles soulèvent également des questions intergénérationnelles complexes. Comment les jeunes générations percevront-elles cette technologie ? Quels seront les impacts sur les relations familiales et les dynamiques intergénérationnelles ?

Encadrement Légal et Réglementaire

Le rôle de l'encadrement légal et réglementaire est crucial. La mise en place de cadres juridiques clairs et de régulations solides est nécessaire pour prévenir les abuse t protéger les droits des patients.

Communication Responsable

La communication autour du rajeunissement sanguin doit être menée de manière responsable. Les chercheurs, les médias et les institutions doivent éviter la surpromesse et garantir que l'information présentée au public est précise, éthique, et équitable, évitant ainsi la création de faux espoirs ou de craintes infondées.

Perspectives de la Société sur la Vieillesse

Enfin, les implications éthiques du rajeunissement sanguin s'étendent à la manière dont la société perçoit la vieillesse. L'évolution des attitudes culturelles et sociétales envers le vieillissement nécessite une réflexion continue pour garantir que les progrès technologiques ne contribuent pas à la stigmatisation des personnes âgées.

Synchronisation Sanguine

La synchronisation sanguine, un domaine fascinant de la recherche scientifique, explore les interactions complexes entre les rythmes circadiens, le système sanguin, et leur impact potentiel sur la longévité humaine.

Les Rythmes Circadiens

Les rythmes circadiens sont des cycles biologiques qui suivent une période d'environ 24 heures, régulés par une horloge biologique interne. Cette horloge est principalement située dans l'hypothalamus, une région du cerveau, et est influencée par des signaux environnementaux tels que la lumière et l'obscurité. Ces cycles rythmiques régulent de nombreux processus biologiques, y compris le sommeil, la température corporelle, la sécrétion d'hormones et la pression artérielle.

Synchronisation Circadienne et Système Sanguin

La synchronisation sanguine se réfère à l'alignement des rythmes circadiens avec les processus biologiques liés au sang. Le système sanguin est complexe, impliquant la production, le transport, et l'utilisation des cellules sanguines, ainsi que la régulation des composants plasmatiques tels que les protéines et les hormones. La synchronisation de ces processus avec les rythmes circadiens peut avoir un impact profond sur la santé globale :

- *Production de Cellules Sanguines :* Des études ont montré que la production de cellules sanguines par la moelle osseuse (globules rouges et globules blancs) suit des cycles circadiens. Une synchronisation optimale de ces processus pourrait influencer la santé du système immunitaire et la capacité du corps à réparer les tissus.

- *Régulation Hormonale :* Certaines hormones clés impliquées dans la régulation sanguine, telles que l'érythropoïétine (EPO) qui stimule la production de globules rouges, suivent également des rythmes circadiens.

- *Coagulation et Pression Artérielle :* Des études suggèrent que la coagulation sanguine et la régulation de la pression artérielle sont également influencées par les rythmes circadiens. Une désynchronisation de ces processus peut contribuer à des problèmes cardiovasculaires, soulignant l'importance d'une coordination temporelle optimale.

Implications pour la Longévité Humaine

La compréhension de la synchronisation sanguine et son lien potentiel avec la longévité humaine sont des domaines de recherche en évolution. Cependant, plusieurs mécanismes ont été proposés pour expliquer comment cette synchronisation peut influencer la durée de vie.

1. *Réparation et Régénération :* Les périodes de repos et d'activité, régies par les rythmes circadiens, peuvent influencer la capacité du corps à se régénérer et à réparer les dommages cellulaires. Une synchronisation appropriée peut favoriser des processus de réparation plus efficaces, contribuant ainsi à une meilleure santé à long terme.

2. *Réduction du Stress Oxydatif :* La désynchronisation circadienne a été associée à une augmentation du stress oxydatif, un processus qui contribue au vieillissement cellulaire. Une coordination optimale des rythmes circadiens peut aider à réduire ce stress oxydatif, potentiellement ralentissant le processus de vieillissement.

3. *Fonction Immunitaire :* Une synchronisation adéquate entre les rythmes circadiens et le système immunitaire peut renforcer la réponse immunitaire du corps. Une fonction immunitaire robuste est cruciale pour la prévention des maladies liées à l'âge.

Approches pour Optimiser la Synchronisation Sanguine

Plusieurs approches peuvent être explorées pour optimiser la synchronisation sanguine et potentiellement favoriser la longévité humaine.

1. *Luminothérapie :* La régulation de l'exposition à la lumière, en particulier à la lumière naturelle, peut influencer la synchronisation des rythmes circadiens. Des périodes appropriées d'exposition à la lumière du jour peuvent aider à maintenir l'horloge biologique interne.

2. *Régulation du Sommeil :* Le sommeil est étroitement lié aux rythmes circadiens. Un bon cycle de sommeil peut favoriser une synchronisation optimale et contribuer à une meilleure santé générale.

3. *Alimentation Chronobiologique :* Certains chercheurs explorent également le concept d'une alimentation chronobiologique, adaptée aux rythmes circadiens. Des études préliminaires suggèrent que l'heure des repas peut influencer la manière dont le corps métabolise les nutriments.

Synchronisation et Biotechnologie

Les avancées en biotechnologie ont permis d'explorer de manière plus approfondie les mécanismes moléculaires sous-tendant la synchronisation sanguine et son impact sur la longévité :

1. *Séquençage et Analyse Moléculaire :* Les techniques de séquençage génétique avancées permettent d'analyser de manière approfondie la composition moléculaire du sang. Cela inclut l'identification des gènes, des protéines, et d'autres composants spécifiques qui fluctuent au fil du temps, formant ainsi une base pour comprendre comment ces variations pourraient influencer la synchronisation sanguine.

2. *Thérapies Géniques Ciblées :* La biotechnologie offre des outils puissants pour la mise au point de thérapies géniques ciblées. Il devient ainsi possible de manipuler spécifiquement l'expression de gènes impliqués dans la régulation des horloges circadiennes, ouvrant des perspectives sur la modulation directe de la synchronisation sanguine.

3. *Ingénierie des Protéines et des Facteurs de Croissance :* La biotechnologie permet également de concevoir et de produire des protéines ou des facteurs de croissance spécifiques. Ces molécules peuvent potentiellement être utilisées pour influencer les processus de régénération tissulaire, de réparation cellulaire et d'autres aspects liés à la longévité, en fonction des rythmes biologiques.

4. *Techniques de CRISPR-Cas9 :* Les outils de modification génétique offrent la possibilité de cibler spécifiquement des gènes impliqués dans la régulation des horloges biologiques. Cette approche précise permet d'explorer comment la modification génétique peut affecter la synchronisation sanguine et, par extension, la longévité.

5. *Bioinformatique et Modélisation* : La biotechnologie comprend également des outils de bioinformatique avancés qui facilitent la modélisation et la simulation des interactions complexes entre les composants sanguins et les horloges biologiques. Ces approches aident à élucider les mécanismes sous-jacents et à concevoir des interventions plus précises.

Défis et Perspectives Futures

Malgré les avancées dans la compréhension de la synchronisation sanguine, des défis subsistent :

- La complexité des interactions entre les rythmes circadiens et les processus sanguins nécessite une approche multidisciplinaire. Des recherches plus approfondies sont nécessaires pour déterminer comment optimiser cette synchronisation de manière pratique et efficace.

- De plus, la variabilité individuelle dans les rythmes circadiens souligne l'importance de personnaliser les approches. Ce qui fonctionne pour une personne peut ne pas être aussi efficace pour une autre, et les facteurs génétiques ainsi que les influences environnementales doivent être pris en compte.

En conclusion, la synchronisation sanguine représente un domaine de recherche passionnant avec des implications potentielles pour la longévité humaine. Alors que la science progresse, il est essentiel de continuer à explorer ces interactions complexes pour favoriser une vie longue et saine.

Conclusion

L'idée de manipuler le sang pour influencer la durée de vie remonte à des études pionnières qui ont captivé les scientifiques et le grand public. Ainsi, l'utilisation de la parabiose chez les rongeurs, reliant circulatoirement des individus jeunes et âgés, a ouvert la voie à des observations très prometteuses. Ces expériences ont en effet montré des signes encourageants de régénération tissulaire accrue et d'amélioration de la fonction organique chez les sujets plus âgés après avoir partagé leur circulation sanguine avec des partenaires plus jeunes.

Ces premières études ont créé une fondation solide pour la poursuite des investigations, mais elles ont également soulevé de nombreuses questions. Quels sont les composants spécifiques du sang responsables de ces effets bénéfiques ? Comment pouvons-nous traduire ces observations de laboratoire en applications cliniques concrètes ? Ces interrogations ont ouvert la porte à des recherches approfondies axées sur la compréhension moléculaire des interactions entre le sang jeune et le processus de vieillissement.

Par ailleurs, la synchronisation sanguine, une idée émergente proposant l'idée que le timing des composants sanguins peut influencer les horloges biologiques internes a ouvert des avenues fascinantes pour la recherche.

La biotechnologie joue un rôle central dans cette quête de compréhension. Les avancées dans les techniques de séquençage génétique permettent d'identifier les facteurs spécifiques et les marqueurs moléculaires dans le sang qui pourraient jouer un rôle clé dans les effets régénérateurs. La technologie CRISPR-Cas9 a aussi ouvert des possibilités passionnantes en permettant la modification précise des gènes potentiellement impliqués.

Cependant, avec chaque découverte, émerge la nécessité de prudence. Les implications éthiques entourant les transfusions sanguines de sang jeune soulèvent des questions délicates sur l'équité d'accès, la sécurité des procédures et les conséquences sociales de la prolongation de la vie. De plus, en dépit des progrès considérables, de nombreuses inconnues persistent. Les mécanismes moléculaires exacts sous-tendant les effets régénérateurs du sang jeune restent peu compris. Les essais cliniques doivent encore déterminer l'efficacité et la sécurité de ces interventions chez l'homme.

4

NAD+ et Autres Molécules Anti-Âge

Introduction

La recherche sur les suppléments et molécules anti-âge suscite un intérêt croissant au sein de la communauté.

Les suppléments alimentaires antioxydants sont des options populaires pour renforcer la défense de l'organisme contre les radicaux libres, contribuant ainsi à la prévention des maladies liées à l'âge. Parmi eux, la vitamine C (présente naturellement dans les agrumes, les fraises et les poivrons), la vitamine E (qui se trouve dans les noix, les graines et les huiles végétales), la vitamine A (abondante dans les carottes, les patates douces et les légumes à feuilles vertes), le zinc (trouvé dans la viande, les fruits de mer et les légumineuses), et le sélénium (dans les noix du Brésil et les poissons) se distinguent particulièrement. L'introduction de ces suppléments dans la routine quotidienne a donc suscité un intérêt significatif.

Au-delà des nutriments classiques, la recherche a aussi identifié des molécules spécifiques avec des propriétés anti-âge prometteuses. Des substances telles que le resvératrol, NAD+, la metformine, et la rapamycine ont attiré l'attention en raison de leurs effets potentiels sur les processus biologiques liés au vieillissement. Ces molécules sont au cœur de la recherche dans ce domaine.

Cependant, chaque individu peut répondre différemment aux interventions, et la compréhension des profils génétiques, métaboliques et environnementaux devient essentielle. Les suppléments doivent ainsi être adaptés aux besoins individuels spécifiques.

De plus, l'engouement pour les suppléments anti-âge s'accompagne de controverses et de limites. Des questions éthiques émergent concernant la commercialisation et l'utilisation non réglementée de certains produits. Les preuves scientifiques doivent être rigoureuses pour éviter les pièges de la pseudoscience.

Fondements Scientifiques

Antioxydants et Réduction des Dommages Oxydatifs

Un pilier fondamental des suppléments anti-âge réside dans leur capacité à agir comme des antioxydants. Les radicaux libres générés lors des processus métaboliques normaux peuvent endommager les cellules et les composants cellulaires. Les suppléments, tels que les vitamines C et E, le resvératrol, et le glutathion, visent à réduire ces dommages oxydatifs, contribuant ainsi à atténuer les signes du vieillissement.

Méthionine, mTOR et Longévité

Des études récentes ont mis en lumière le rôle du métabolisme des acides aminés, en particulier la méthionine, et du mécanisme cible de la rapamycine (mTOR) dans la régulation de la longévité. Certains suppléments modulent ces voies métaboliques, suggérant une possible influence sur la durée de vie cellulaire.

Oméga-3 et Santé Cérébrale

Les acides gras oméga-3, présents dans l'huile de poisson, peuvent soutenir la fonction cérébrale, réduire l'inflammation, et potentiellement prévenir certaines conditions liées à l'âge, comme la dégénérescence cognitive.

Polyphénols et Régulation Génique

Les polyphénols, présents dans le thé vert et le curcuma, jouent un rôle clé dans la régulation génique. Ils peuvent moduler l'expression des gènes impliqués dans des processus liés au vieillissement, offrant ainsi une approche pour influencer la longévité.

L'Autophagie Induite par les Suppléments

L'autophagie, le processus de recyclage des composants cellulaires endommagés, est crucial pour la santé cellulaire à long terme. Certains suppléments, comme la spermidine, ont été liés à l'induction de l'autophagie, offrant ainsi une stratégie pour maintenir la qualité des cellules au fil du temps.

Adaptogènes et Résistance au Stress

Les adaptogènes, présents dans l'ashwagandha et le ginseng, sont réputés pour leur capacité à renforcer la résistance au stress. Cette résilience accrue peut avoir des implications importantes dans la lutte contre les effets du stress oxydatif et inflammatoire, des facteurs clés du vieillissement.

La Microbiome et les Probiotiques

Le rôle du microbiome intestinal dans la santé globale et le vieillissement est de plus en plus évident. Certains suppléments, tels que les probiotiques, visent à maintenir l'équilibre du microbiome, ce qui peut avoir des implications positives pour la santé métabolique et immunologique.

Molécules Anti-Âge

Les Molécules Anti-Âge Vedettes

Un ensemble de molécules suscitent un vif intérêt pour leurs possibles propriétés anti-âge. Parmi elles, la CoQ10, le NAD+, le complexe B complet, le resveratrol, le folate, le fer, le sélénium et la curcumine se démarquent comme des acteurs clés.

Coenzyme Q10 (CoQ10)

La CoQ10, présente naturellement dans les mitochondries, est une molécule cruciale pour la production d'énergie cellulaire. Son rôle clé dans la chaîne de transport d'électrons en fait un acteur majeur du métabolisme énergétique. Des études suggèrent que la supplémentation en CoQ10 pourrait atténuer le déclin énergétique associé au vieillissement, soutenant ainsi la vitalité cellulaire.

Nicotinamide Adénine Dinucléotide (NAD+)

Le NAD+ occupe le devant de la scène en tant que régulateur clé des processus cellulaires. Impliqué dans des réactions essentielles comme la glycolyse et la régulation des sirtuines, le

NAD+ diminue avec l'âge. Des recherches suggèrent que le rétablissement de niveaux adéquats de NAD+ pourrait inverser certains effets du vieillissement en favorisant la réparation cellulaire et en améliorant la santé métabolique.

Complexe B Complet

Le complexe B, comprenant des vitamines telles que B1, B2, B3, B5, B6, B7, B9 et B12, est essentiel pour le métabolisme énergétique, la synthèse de l'ADN, et le bon fonctionnement du système nerveux. Ces vitamines interagissent de manière complexe pour soutenir une gamme de fonctions biologiques. En particulier, le folate, ou vitamine B9, joue un rôle crucial dans la synthèse de l'ADN et la réparation cellulaire.

Resveratrol

Le resveratrol, un polyphénol présent dans la peau des raisins rouges, est étudié pour ses propriétés antioxydantes et anti-inflammatoires. Les études indiquent qu'il pourrait influencer positivement la santé cardiaque, protéger les cellules contre le stress oxydatif, et potentiellement prolonger la vie en activant des protéines liées à la longévité.

Fer

Le fer est un minéral vital pour le transport de l'oxygène par les globules rouges. Une carence en fer peut entraîner de la fatigue et des problèmes de santé. Dans le contexte anti-âge, un équilibre adéquat en fer est nécessaire pour soutenir la production d'énergie et prévenir les effets néfastes de l'anémie.

Sélénium

Le sélénium est un oligo-élément qui agit comme un antioxydant, protégeant les cellules contre les dommages causés par les radicaux libres. En contribuant à la santé thyroïdienne, le sélénium joue un rôle crucial dans la régulation des hormones, ce qui peut influencer le processus de vieillissement.

Curcumine

La curcumine, présente dans le curcuma, est saluée pour ses propriétés anti-inflammatoires. Elle intervient dans plusieurs voies biologiques, modulant les réponses immunitaires et réduisant l'inflammation. Des recherches suggèrent que la curcumine pourrait jouer un rôle dans la prévention de diverses maladies liées au vieillissement.

Avantages d'une Approche Combinatoire

Lorsque ces différentes molécules anti-âge interagissent, elles peuvent influencer diverses voies biologiques de manière synergique. Cela peut aussi permettre de réduire les doses individuelles de chaque molécule tout en maintenant des effets significatifs et donc minimiser les risques d'effets secondaires indésirables associés à des doses élevées de certains suppléments.

Exemples Pratiques de Synergies Moléculaires :

- NAD+ et Resveratrol : Des études suggèrent que le resveratrol peut activer les sirtuines, des enzymes dépendantes du NAD+. En combinant ces deux molécules, on pourrait potentiellement optimiser les voies de régulation du métabolisme, de la réparation cellulaire et de la longévité.

- CoQ10 et Sélénium : La CoQ10 et le sélénium sont tous deux impliqués dans la protection contre les dommages oxydatifs. Leur combinaison pourrait renforcer les défenses antioxydantes cellulaires, offrant une protection synergique contre le stress oxydatif lié au vieillissement.

- Folate et Fer : Le folate est essentiel pour la synthèse de l'ADN, et le fer est crucial pour la division cellulaire. Ensemble, ils pourraient optimiser les processus de réparation et de renouvellement cellulaire.

- CoQ10 et NAD+ : La CoQ10, en tant que cofacteur crucial dans la chaîne de transport d'électrons, peut potentialiser les effets bénéfiques du NAD+ en optimisant la production d'énergie cellulaire.

- Resveratrol et sélénium : De même, le resveratrol, connu pour ses propriétés antioxydantes, pourrait agir de concert avec le sélénium pour renforcer la défense cellulaire contre les radicaux libres.

- Complexe B complet et Fer : Le complexe B complet, avec ses différentes vitamines, peut jouer un rôle essentiel dans la régulation du métabolisme énergétique et de la synthèse de l'ADN. Lorsqu'il est combiné avec des molécules telles que le fer, il pourrait optimiser la disponibilité des nutriments nécessaires à la division cellulaire et à la réparation.

Études Cliniques

La recherche sur les suppléments anti-âge a suscité un intérêt considérable, attirant l'attention des chercheurs, des professionnels de la santé et du grand public. De nombreuses études ont été conçues pour fournir des données probantes sur l'efficacité, la sécurité et les effets indésirables potentiels de ces suppléments.

Résultats d'Études Cliniques Récentes

NAD+ et Longévité

Des études ont examiné l'impact de la supplémentation en NAD+ sur la longévité cellulaire. Les résultats indiquent une corrélation positive entre les niveaux de NAD+ et la santé mitochondriale, mais des essais cliniques à plus long terme sont nécessaires pour évaluer son influence réelle sur la longévité humaine.

Resvératrol et Réponses Métaboliques

La recherche sur le resvératrol a porté sur ses effets potentiels sur le métabolisme, la résistance à l'insuline et l'inflammation. Bien que certaines études suggèrent des bénéfices, des variations dans les protocoles d'étude et les populations examinées rendent difficile l'établissement de conclusions définitives.

Coenzyme Q10 et Santé Cardiovasculaire

Les essais cliniques sur la coenzyme Q10 ont souvent exploré son impact sur la santé cardiovasculaire. Bien que certaines études suggèrent des améliorations, des différences dans la conception des études et les populations étudiées soulignent la nécessité d'une approche plus personnalisée.

Complexe B et Fonction Cognitive

La recherche sur le complexe B a souvent examiné son influence sur la fonction cognitive. Les résultats sont mitigés, avec des avantages potentiels chez certains individus mais des disparités dans les protocoles d'étude.

Sélénium et Soutien Antioxydant

Les études sur le sélénium se sont concentrées sur son rôle en tant qu'antioxydant. Cependant, des variations dans les dosages et les durées d'administration nécessitent une évaluation minutieuse des résultats.

Limitations Inhérentes aux Études Cliniques sur les Suppléments Anti-Âge

Hétérogénéité des Populations Étudiées

Les différences dans l'âge, la santé initiale et d'autres facteurs individuels peuvent influencer les résultats, rendant difficile l'extrapolation des conclusions à l'ensemble de la population.

Durée Limitée des Essais

Les essais cliniques ont souvent une durée limitée, ce qui peut ne pas permettre la détection d'effets à long terme des suppléments anti-âge.

Variabilité des Dosages

La variabilité des dosages de suppléments utilisés dans différentes études peut entraîner des résultats contradictoires, soulignant la nécessité de protocoles standardisés.

Facteurs de Confusion

Des facteurs tels que le mode de vie, l'alimentation et d'autres habitudes peuvent agir comme des facteurs de confusion, rendant difficile l'attribution des effets observés uniquement aux suppléments.

Stratégies Personnalisées

La Révolution de la Personnalisation

L'avènement des technologies de séquençage génétique a ouvert la voie à une compréhension approfondie des variations génétiques individuelles qui influent sur le processus de vieillissement. En analysant le profil métabolique de chaque individu, il devient possible d'identifier des besoins spécifiques et uniques en nutriments.

La médecine personnalisée évalue également les profils hormonaux individuels. Cela ouvre la porte à des interventions plus précises visant à restaurer des équilibres hormonaux optimaux, contribuant ainsi à ralentir le processus de vieillissement.

Dans ce contexte, les progrès sur les capteurs de santé et les dispositifs biométriques permettent une collecte continue de données sur les habitudes de vie, les niveaux d'activité physique, et les paramètres physiologiques. Ces données peuvent alimenter des algorithmes sophistiqués pour recommander des suppléments adaptés en temps réel.

Nouvelles Approches Innovantes

Supplémentation Adaptative

Les algorithmes d'apprentissage automatique peuvent ajuster les recommandations de supplémentation au fil du temps en fonction des réponses individuelles. Cette approche adaptative s'ajuste aux changements physiologiques et aux besoins évolutifs.

Intégration des Données Omiques

L'intégration des données omiques, englobant la génomique, la protéomique et la métabolomique, offre une compréhension holistique de la physiologie individuelle. Cela ouvre la voie à des recommandations de supplémentation plus précises.

Défis Éthiques et Réglementaires

Commercialisation des Suppléments Anti-Âge

- Un des défis majeurs réside dans les promesses exagérées de certains suppléments quant à leurs capacités anti-âge. La publicité exagérée, souvent basée sur des résultats de recherche isolés, peut créer des attentes irréalistes chez les consommateurs.

- La transparence quant à la composition réelle des suppléments et à la provenance des ingrédients est parfois insuffisante. Les consommateurs peuvent être confrontés à des produits dont l'efficacité réelle et la sécurité restent floues.

- L'industrie des suppléments anti-âge a été critiquée pour son ciblage fréquent des populations vulnérables, telles que les personnes âgées, en capitalisant sur la peur du vieillissement pour promouvoir des produits parfois non testés.

Nécessité de Normes Réglementaires

- *Sécurité des Ingrédients :* La nécessité d'établir des normes strictes pour garantir la sécurité des ingrédients utilisés dans les suppléments anti-âge est cruciale. Certains composés peuvent avoir des effets indésirables, et des tests approfondis doivent être réalisés avant leur mise sur le marché.

- *Efficacité Démontrée :* Les régulations devraient exiger des preuves d'efficacité avant la commercialisation. Cela pourrait impliquer la réalisation d'études cliniques indépendantes pour évaluer l'effet réel des suppléments sur le processus de vieillissement.

- *Publicité Honnête :* Des normes réglementaires devraient être mises en place pour garantir une publicité honnête, précise et transparente quant aux avantages réels des suppléments anti-âge. Des sanctions devraient être envisagées pour les entreprises qui font des allégations non fondées.

- *Éducation des Consommateurs :* Les régulations devraient inclure des exigences d'éducation des consommateurs, fournissant des informations claires sur l'utilisation appropriée des suppléments, les risques potentiels et les alternatives disponibles.

Défis Éthiques

- *Éthique de la Recherche :* Les études cliniques sur les suppléments anti-âge peuvent être biaisées en raison des liens financiers entre les chercheurs et l'industrie. Des protocoles stricts et une divulgation transparente des conflits d'intérêts sont essentiels pour maintenir l'intégrité de la recherche.

- *Accès Équitable :* L'accès aux suppléments anti-âge peut devenir un problème éthique si leur coût élevé les rend inaccessibles à certaines populations. Les questions d'équité et d'accès égalitaire à des interventions potentiellement bénéfiques doivent être prises en compte.

Conclusion

Tendances Actuelles

La recherche continue d'identifier de nouvelles molécules anti-âge prometteuses. Des composés jusqu'alors inexplorés pourraient émerger comme des acteurs clés dans la préservation de la santé et de la jeunesse cellulaires.

L'une des tendances émergentes dans ce domaine de recherche est l'exploration des synergies moléculaires entre différents suppléments. Les scientifiques explorent comment certaines combinaisons peuvent potentialiser les effets bénéfiques, ouvrir de nouvelles voies d'action et offrir des solutions plus complètes.

Les approches épigénétiques pourraient aussi devenir une tendance majeure. En comprenant comment l'environnement et le mode de vie influencent l'expression génique, les chercheurs pourraient concevoir des interventions ciblées pour réguler l'âge biologique.

Finalement, l'intelligence artificielle devrait jouer un rôle croissant dans la personnalisation des suppléments anti-âge. Les algorithmes sophistiqués analyseront les données génétiques, biométriques et de santé pour recommander des stratégies sur mesure, prenant en compte les caractéristiques individuelles.

Opportunités d'Innovation

Des plateformes de suivi de la longévité plus avancées pourraient émerger, intégrant des données multiples telles que la génomique, la protéomique, la métabolomique et les paramètres de bien-être. Cela permettrait une évaluation plus complète des interventions anti-âge. Les recherches futures devront adopter des approches multidisciplinaires, intégrant des expertises en génétique, médecine, intelligence artificielle, éthique et sociologie. Cette collaboration permettra d'aborder les défis sous différents angles.

Par ailleurs, l'accélération des essais cliniques est essentielle pour traduire les découvertes en applications pratiques. Des collaborations entre l'industrie, les institutions académiques et les organismes de réglementation accéléreront la mise sur le marché de nouveaux suppléments.

Dans ce contexte, l'éducation du public sur les suppléments anti-âge sera cruciale. Des efforts accrus pour sensibiliser le public aux bénéfices potentiels, aux risques et aux réalités scientifiques contribueront à une utilisation plus informée et responsable.

En conclusion, la recherche sur les suppléments et molécules anti-âge offre un paysage dynamique en constante évolution. La quête continue de la longévité, avec l'aide de suppléments judicieusement conçus, promet un avenir où la santé et la vitalité ne sont pas seulement prolongées, mais aussi optimisées pour une qualité de vie exceptionnelle.

5

La Microbiomique au Service de la Santé

Introduction

La microbiomique ouvre de nouvelles perspectives fascinantes dans le domaine de la santé. Ce domaine de recherche émergent se situe à la confluence de la biologie, de la génétique et de la santé, et explore les trillions de micro-organismes, tels que bactéries, virus et champignons, qui cohabitent en symbiose avec le corps humain.

Le microbiome, souvent qualifié de « deuxième cerveau », exerce une influence significative sur divers aspects de notre santé, de la digestion à l'immunité. Les avancées technologiques, telles que le séquençage génomique de pointe, permettent aux chercheurs d'explorer ce monde microscopique avec une précision sans précédent.

Les implications de la microbiomique sur la longévité sont vastes. En comprenant comment les micro-organismes influent sur le vieillissement, les chercheurs peuvent explorer des stratégies pour maintenir l'équilibre du microbiome au fil du temps. Des régimes alimentaires spécifiques, des probiotiques ciblés et d'autres interventions axées sur la modulation du microbiome émergent comme des outils potentiels pour favoriser la santé et la longévité. Les scientifiques cherchent aussi à personnaliser les interventions médicales en fonction du profil microbiomique unique de chaque individu, ouvrant ainsi la voie à une médecine personnalisée ciblée et efficace.

Comprendre le Microbiome Humain

La Diversité Microbienne

Le Microcosme Humain

Le microbiome du corps humain, souvent qualifié d'architecte invisible, est un écosystème dynamique constitué de millions de micro-organismes, principalement des bactéries qui résident à la surface et à l'intérieur du corps. Il joue un rôle essentiel dans des fonctions biologiques clés et contribue à la digestion des aliments, à la synthèse de certaines vitamines, à la régulation du système immunitaire, et même à des aspects du bien-être mental. En constante évolution en réponse à des facteurs tels que l'alimentation, l'environnement et les médicaments, le microbiome est au cœur de recherches approfondies qui révèlent son impact significatif sur la santé humaine, ouvrant ainsi la voie à des avancées médicales et nutritionnelles novatrices.

Niches Écologiques

Le microbiome humain occupe différents habitats au sein du corps, formant des communautés complexes de micro-organismes qui interagissent avec les cellules humaines et contribuent à diverses fonctions physiologiques. Voici une vue d'ensemble des principaux habitats du microbiome humain :

- Le Tube Digestif : Le microbiome intestinal est l'habitat le plus étudié et le plus vaste du corps humain. Il est principalement localisé dans le côlon et l'intestin grêle. Les bactéries intestinales jouent un rôle crucial dans la digestion des aliments, la synthèse de certaines vitamines, et la régulation du système immunitaire.

- La Peau : La peau abrite une communauté diversifiée de micro-organismes, principalement des bactéries, qui forment le microbiome cutané. Ces micro-organismes contribuent à maintenir l'équilibre de la flore cutanée, protègent contre les infections, et peuvent influencer la santé de la peau.

- La Bouche : La cavité buccale est également un habitat important pour le microbiome humain. Il comprend des bactéries, des virus, et des champignons qui interviennent dans la dégradation des aliments, la prévention des infections buccales, et même la modulation de la santé cardiovasculaire.

- Les Voies Respiratoires : Les voies respiratoires, y compris le nez et les poumons, ne sont pas exemptes de micro-organismes. Le microbiome des voies respiratoires peut jouer un rôle dans la défense contre les infections respiratoires et contribuer à la modulation de la réponse immunitaire.

- Le Système Génito-urinaire : Bien que traditionnellement considéré comme stérile, des recherches récentes ont révélé la présence d'un microbiome dans le système génito-urinaire. Ce microbiome peut influencer la santé urogénitale et jouer un rôle dans la prévention des infections.

- Le Système Sanguin (Microbiome Circulant) : Des études récentes suggèrent la présence de micro-organismes, tels que des bactéries, dans le sang circulant. Bien que l'existence et la fonction de ce microbiome circulant soient encore débattues, cela souligne la complexité du lien entre le microbiome et d'autres systèmes du corps.

- Le Cerveau (Microbiome Cérébral) : Bien que controversée, l'idée d'un microbiome cérébral émerge. Des études suggèrent que des micro-organismes pourraient influencer le cerveau par le biais de l'axe intestin-cerveau, affectant le comportement et même la santé mentale.

Modulation par l'Environnement

Le microbiome humain est profondément influencé par l'environnement, et cette modulation constante peut avoir des implications significatives sur la santé globale. Plusieurs facteurs environnementaux jouent un rôle crucial dans la composition et la fonction du microbiome humain.

Voici quelques-uns de ces éléments et leur impact sur le microbiome :

- Régime Alimentaire : L'alimentation est l'un des principaux modulateurs du microbiome. Les types d'aliments consommés, tels que les fibres, les graisses, et les sucres, peuvent favoriser la croissance de certaines bactéries au détriment d'autres. Un régime riche en fibres, par exemple, est associé à une diversité accrue du microbiome.

- Mode de Vie et Niveau d'Activité : Le mode de vie, y compris le niveau d'activité physique, peut influencer la santé du microbiome. L'exercice régulier a été associé à des modifications bénéfiques dans la composition du microbiome, contribuant à la diversité et à la stabilité.

- Exposition aux Antibiotiques : L'utilisation fréquente d'antibiotiques peut perturber l'équilibre du microbiome en éliminant sélectivement certaines espèces de bactéries. Cela peut entraîner une diminution de la diversité bactérienne et une susceptibilité accrue aux infections.

- Stress : Le stress chronique peut affecter le microbiome intestinal, modifiant la composition bactérienne. Des études suggèrent que le microbiome intestinal peut influencer, à son tour, les réponses au stress et les troubles liés à l'anxiété.

- Exposition aux Polluants : Les polluants environnementaux peuvent également impacter le microbiome. Des études indiquent que certains composés chimiques peuvent altérer la composition bactérienne, ayant des implications potentielles sur la santé métabolique et immunitaire.

- Hygiène : Le niveau d'hygiène influence le développement du microbiome, en particulier chez les enfants. Une exposition appropriée aux microbes dans l'environnement peut contribuer à la formation d'un système immunitaire robuste.

- Exposition à la Nature : Le contact avec la nature et l'exposition à des environnements extérieurs peuvent influencer positivement le microbiome. Des études suggèrent que l'interaction avec des environnements naturels contribue à la diversité microbienne.

- Changement Climatique : Les changements climatiques peuvent affecter la distribution des micro-organismes dans l'environnement, potentiellement influençant les schémas microbiens humains par le biais de l'alimentation, de l'eau, et d'autres ressources.

Interactions Microbiennes et Bien-Être

Synergies et Compétitions

Au sein du microbiome, les micro-organismes interagissent de manière complexe. Des synergies bénéfiques émergent, favorisant le bien-être, tandis que des compétitions pour les ressources peuvent entraîner des déséquilibres. Comprendre ces dynamiques est crucial pour saisir l'impact global sur la santé.

Voici quelques exemples de synergies observées dans le microbiome humain :

- Fermentation Croisée : Certains micro-organismes du microbiome sont spécialisés dans la dégradation de composés que d'autres ne peuvent pas métaboliser directement. Par exemple, dans le côlon, des bactéries peuvent fermenter des fibres alimentaires complexes en acides gras à chaîne courte (AGCC), bénéficiant à la fois aux bactéries productrices d'AGCC et à d'autres qui utilisent ces métabolites pour leur croissance.

- Protection Contre les Pathogènes : Certains micro-organismes du microbiome jouent un rôle clé dans la prévention de la colonisation par des pathogènes potentiellement nocifs. Ils compétitionnent pour les ressources et créent un environnement qui est moins favorable à la croissance des bactéries pathogènes.

- Modulation Immunitaire : Certains composants du microbiome peuvent moduler le système immunitaire de manière à renforcer les défenses de l'organisme. Des bactéries spécifiques peuvent stimuler la production de cytokines et d'autres molécules immunitaires, contribuant ainsi à une réponse immunitaire équilibrée.

- Métabolisme des Nutriments : Les bactéries du microbiome peuvent participer au métabolisme des nutriments, transformant certains composés alimentaires en métabolites bénéfiques. Par exemple, des bactéries intestinales peuvent convertir des composés phénoliques en molécules ayant des propriétés antioxydantes.

- Dégradation des Toxines : Certains micro-organismes ont la capacité de dégrader des toxines présentes dans l'environnement alimentaire. Cela contribue à la protection de l'hôte contre des substances potentiellement nocives.

- Communication Interbactérienne : Les micro-organismes du microbiome peuvent communiquer entre eux par des signaux chimiques, favorisant la coordination des activités métaboliques. Cette communication interbactérienne peut conduire à des réponses coordonnées face à des changements environnementaux.

- Impact sur le Métabolisme Énergétique de l'Hôte : Certains métabolites produits par le microbiome, tels que les acides gras à chaîne courte, peuvent être utilisés comme source d'énergie par les cellules de l'intestin et même par d'autres organes, contribuant ainsi au métabolisme énergétique global de l'hôte.

- Maintien de la Barrière Intestinale : Certains micro-organismes du microbiome sont impliqués dans le renforcement de la barrière intestinale, contribuant à prévenir la fuite de substances indésirables dans la circulation sanguine.

L'Équilibre Fragile du Microbiome

La dysbiose, un déséquilibre de la composition microbiome, peut avoir des conséquences néfastes sur la santé humaine. Le microbiome joue un rôle crucial dans divers aspects de la physiologie humaine, et son déséquilibre est associé à plusieurs problèmes de santé.

Voici quelques-unes des conséquences néfastes du déséquilibre du microbiome :

- Problèmes Digestifs : Un déséquilibre du microbiome intestinal est souvent associé à des problèmes digestifs tels que ballonnements, constipation, diarrhée, et syndrome du côlon irritable (SCI). Les bactéries bénéfiques aident à la dégradation des aliments, et leur absence ou leur diminution peut perturber le processus digestif.

- Affections Inflammatoires Intestinales : La dysbiose est impliquée dans le développement des maladies inflammatoires de l'intestin (MII) telles que la maladie de Crohn et la colite ulcéreuse. L'inflammation chronique peut résulter de l'interaction complexe entre le microbiome et le système immunitaire.

- Problèmes Métaboliques : Un déséquilibre du microbiome est lié à des problèmes métaboliques tels que l'obésité et la résistance à l'insuline. Certaines bactéries du microbiome influencent le métabolisme des nutriments, et leur altération peut contribuer à des déséquilibres métaboliques.

- Déficiences Immunitaires : Le microbiome joue un rôle crucial dans le développement et la modulation du système immunitaire. Une dysbiose peut entraîner une réponse immunitaire inappropriée, augmentant le risque d'infections ou contribuant au développement de maladies auto-immunes.

- Problèmes Neurologiques : Le microbiome-gut-brain axis, l'axe reliant le microbiome à la santé du cerveau, est de plus en plus étudié. Un déséquilibre du microbiome est associé à des troubles neurologiques tels que la dépression, l'anxiété, et même des maladies neurodégénératives comme la maladie d'Alzheimer.

- Allergies et Sensibilités Alimentaires : Des altérations dans la composition du microbiome sont liées à une augmentation des allergies alimentaires et des sensibilités. Un microbiome sain participe à la tolérance immunitaire et à la prévention des réponses allergiques inappropriées.

- Augmentation du Risque de Maladies Cardiovasculaires : La dysbiose intestinale est liée à une augmentation du risque de maladies cardiovasculaires. Des altérations dans le métabolisme des composés issus du microbiome peuvent contribuer à des facteurs de risque cardiovasculaire tels que l'inflammation et l'hypercholestérolémie.

- Risque de Maladies Auto-immunes : Un déséquilibre du microbiome est associé à un risque accru de maladies auto-immunes, où le système immunitaire attaque les propres cellules du corps. Cela peut inclure des conditions telles que le lupus, la polyarthrite rhumatoïde, et d'autres.

- Dysfonctionnement du Système Nerveux Entérique : Le microbiome influence le système nerveux entérique, qui contrôle les fonctions intestinales. La dysbiose peut perturber cette régulation, entraînant des problèmes fonctionnels tels que le syndrome de l'intestin irritable (SII).

Méthodologies d'Analyse

L'analyse du microbiome repose sur une gamme de techniques sophistiquées permettant d'identifier et de caractériser les micro-organismes présents dans un échantillon biologique.

Voici quelques-unes des techniques clés utilisées dans l'analyse du microbiome :

- Séquençage de Nouvelle Génération (NGS) : Le séquençage de nouvelle génération, est la technique la plus couramment utilisée pour l'analyse du microbiome. Des plates-formes telles que l'Illumina permettent le séquençage massif de l'ADN microbien présent dans un échantillon. Cela fournit des informations détaillées sur la diversité et l'abondance des espèces bactériennes, virales, fongiques, et d'autres.

- PCR Quantitative (qPCR) : La PCR quantitative est une méthode qui amplifie spécifiquement des segments d'ADN microbien pour quantifier la présence de micro-organismes spécifiques dans un échantillon. Elle est particulièrement utile pour évaluer la quantité relative de certaines espèces bactériennes et pour des applications de diagnostic rapide.

- Séquençage 16S rRNA : Le séquençage du gène 16S rRNA cible une région spécifique de l'ARN ribosomique bactérien. Cette technique permet d'identifier et de classer les bactéries au niveau du genre et de l'espèce. Elle est largement utilisée pour des analyses de communauté bactérienne à haut débit.

- Séquençage du gène 18S rRNA et Internal Transcribed Spacer (ITS) : Ces méthodes sont similaires au séquençage 16S rRNA mais ciblent des régions spécifiques de l'ARN ribosomique fongique. Elles sont utilisées pour caractériser la diversité des champignons dans le microbiome.

- Métagénomique : La métagénomique consiste à séquencer l'ensemble du génome de tous les micro-organismes présents dans un échantillon. Elle offre une vue d'ensemble de la diversité génomique du microbiome, y compris les gènes fonctionnels et les voies métaboliques.

- Métranscriptomique : Cette approche consiste à séquencer l'ensemble des ARN produits par les micro-organismes présents dans un échantillon, fournissant ainsi des informations sur les activités métaboliques et les réponses cellulaires en temps réel.

- Métabolomique : La métabolomique analyse les métabolites produits par les micro-organismes. Elle fournit des informations sur les produits finaux du métabolisme microbien et sur les interactions avec l'hôte.

- Cytométrie en Flux : La cytométrie en flux permet de trier et de quantifier des cellules individuelles en fonction de leurs caractéristiques physiques et chimiques. Elle peut être utilisée pour analyser des populations microbiennes spécifiques dans un échantillon.

- Chromatographie en Phase Liquide Couplée à la Spectrométrie de Masse (LC-MS) : La LC-MS peut être utilisée pour quantifier les métabolites microbiens présents dans un échantillon, offrant ainsi des informations sur les voies métaboliques actives.

La Révolution Thérapeutique du Microbiome

La modulation du microbiome représente une avancée passionnante dans le domaine médical, exploitant notre compréhension croissante du microbiome humain pour développer des approches novatrices de prévention, de diagnostic, et de traitement des maladies. Voici un aperçu des aspects clés de ces approches thérapeutiques :

- Thérapie par Transplantation de Microbiote Fécal (FMT) : La FMT est l'une des avancées les plus marquantes dans le domaine du microbiome. Cette thérapie consiste à transférer des selles d'un donneur en bonne santé à un patient, généralement via une procédure de coloscopie ou de capsules de microbiote fécal. Elle a été particulièrement efficace dans le traitement des infections récurrentes à Clostridium difficile, et des recherches sont en cours pour explorer son potentiel dans d'autres domaines, notamment les troubles inflammatoires intestinaux et les maladies métaboliques, telles que l'obésité et le diabète.

- Développement de Probiotiques Personnalisés : La compréhension croissante de la diversité individuelle du microbiome ouvre la porte au développement de probiotiques personnalisés. Plutôt que d'adopter une approche unique pour tous, les probiotiques pourraient être formulés de manière spécifique pour répondre aux besoins uniques du microbiome de chaque individu, offrant ainsi des solutions plus ciblées pour la santé intestinale.

- Thérapies Immunomodulatrices : Le microbiome joue un rôle central dans la modulation du système immunitaire. Des thérapies visant à moduler le microbiome pourraient avoir des applications dans le traitement des maladies auto-immunes et des allergies, en influençant positivement les réponses immunitaires.

- Prévention des Maladies par la Modulation Précoce : En comprenant mieux le rôle du microbiome dans le développement des maladies, les chercheurs explorent des approches de modulation précoce, visant à prévenir plutôt qu'à traiter. Cela pourrait inclure des interventions dès le stade de la petite enfance pour favoriser un microbiome sain et résilient.

- Recherche de Biomarqueurs Microbiens : La recherche intensive de biomarqueurs microbiens vise à identifier des signatures spécifiques du microbiome associées à des conditions de santé particulières. Cela pourrait révolutionner le diagnostic précoce et la surveillance des maladies par le biais de tests microbiomiques.

Microbiome et Longévité : Les Évidences Scientifiques

Fondements de la Recherche Microbiomique

Des études ont révélé des mécanismes complexes par lesquels le microbiome exerce une influence significative sur le processus de vieillissement, ouvrant ainsi des perspectives passionnantes pour la promotion d'une longévité saine.

Bien que le domaine soit encore relativement nouveau et en évolution, voici quelques points clés issus de ces études :

- Diversité Microbienne et Longévité : Des études ont suggéré que la diversité du microbiome, c'est-à-dire le nombre et la variété des espèces bactériennes présentes, pourrait être liée à la longévité. Une plus grande diversité microbienne est souvent associée à une meilleure santé métabolique et immunitaire, des facteurs qui peuvent influencer la durée de vie.

- Rôle du Microbiome Intestinal : Le microbiome intestinal a été particulièrement étudié en relation avec la longévité. Des recherches ont montré des changements dans la composition du microbiome intestinal chez les personnes âgées, et ces altérations pourraient être liées à des conditions telles que l'inflammation chronique, qui elle-même est associée au vieillissement.

- Effets du Régime Alimentaire sur la Longévité : Des études suggèrent que le régime alimentaire peut moduler le microbiome et influencer la longévité. Les régimes riches en fibres, en particulier, favorisent la croissance de bactéries bénéfiques, contribuant ainsi à une meilleure santé intestinale.

- Microbiome Cutané et Longévité : Bien que moins étudié que le microbiome intestinal, le microbiome cutané a également été exploré en relation avec la longévité. Certains travaux de recherche ont suggéré que la santé de la peau, influencée par le microbiome cutané, pourrait jouer un rôle dans le vieillissement cutané.

- Microbiome Oral et Longévité : Des recherches ont également exploré la relation entre le microbiome oral et la longévité. Les changements dans la composition du microbiome buccal ont été observés chez les personnes âgées, et des liens potentiels avec des problèmes de santé tels que les maladies parodontales ont été évoqués.

- Inflammation Chronique et Microbiome : L'inflammation chronique est un facteur lié au vieillissement, et des études suggèrent que le microbiome pourrait influencer ce processus. Un déséquilibre du microbiome peut contribuer à une inflammation chronique, qui à son tour peut être associée à des maladies liées à l'âge.

- Effets de la Métabolomique Microbienne : La métabolomique microbienne, qui étudie les métabolites produits par le microbiome, offre des informations sur la manière dont le microbiome peut influencer la santé métabolique globale et potentiellement la longévité.

Voici quelques exemples de travaux de recherche qui ont jeté les bases pour comprendre les relations entre le microbiome et le vieillissement :

- Biagi et al., 2010 : Cette étude a examiné les changements dans la composition du microbiome intestinal chez des sujets en bonne santé de différentes tranches d'âge. Les résultats ont montré une diminution de la diversité microbienne avec l'âge, avec des variations dans l'abondance de certaines populations bactériennes.

- O'Toole et Jeffery, 2015 : Cette revue examine la dynamique du microbiome intestinal pendant le vieillissement. Elle met en lumière les changements dans la composition microbienne, la diversité et les fonctions métaboliques associées au vieillissement.

- Claesson et al., 2011 : Cette recherche a évalué les variations du microbiome fécal chez des personnes âgées en comparaison avec des adultes plus jeunes. Les résultats ont montré des différences significatives dans la composition bactérienne, notamment une diminution des bactéries bénéfiques et une augmentation de certaines populations potentiellement pathogènes chez les personnes âgées.

- Biagi et al., 2016 : Une étude longitudinale qui a suivi des individus de 65 à 102 ans a examiné les changements du microbiome intestinal avec le temps. Les résultats ont indiqué des altérations significatives dans la composition microbienne liées à l'âge, avec des implications potentielles pour la santé métabolique.

- Jackson et al., 2016 : Cette étude a examiné la composition du microbiome buccal chez des personnes âgées et a identifié des changements spécifiques associés au vieillissement. Elle souligne l'importance de comprendre le microbiome oral dans le contexte du vieillissement.

- Ticinesi et al., 2019 : Une analyse a examiné les caractéristiques du microbiome fécal chez des personnes âgées hospitalisées. Les résultats ont montré des altérations significatives dans la diversité microbienne, suggérant des liens potentiels entre le microbiome et la fragilité chez les personnes âgées.

Impact du Microbiome sur les Processus de Vieillissement

Inflammation Chronique

Le microbiome joue un rôle clé dans la modulation de l'inflammation chronique, un processus intimement lié au vieillissement. Voici comment le microbiome impacte l'inflammation chronique :

- Modulation de l'Immunité Innée : Le microbiome exerce une influence sur le système immunitaire inné, la première ligne de défense du corps contre les infections. Certaines bactéries du microbiome stimulent la production de cytokines anti-inflammatoires, favorisant ainsi une réponse immunitaire équilibrée.

- Barrière Épithéliale et Intégrité : Une partie importante du microbiome se trouve dans le tractus gastro-intestinal, où il contribue à maintenir l'intégrité de la barrière épithéliale. Une barrière intestinale saine empêche les composants indésirables de traverser, réduisant ainsi le risque d'une réponse inflammatoire excessive.

- Production de Métabolites : Les bactéries du microbiome fermentent les fibres alimentaires pour produire des métabolites tels que les acides gras à chaîne courte (AGCC). Ces métabolites ont des propriétés anti-inflammatoires et favorisent la santé de la muqueuse intestinale.

- Interaction avec les Cellules Immunitaires : Les cellules immunitaires, telles que les macrophages, sont en communication constante avec le microbiome. Certains composants microbiens peuvent moduler l'activation des macrophages, influençant ainsi la réponse inflammatoire.

- Réduction des Agents Pro-Inflammatoires : Certains micro-organismes du microbiome ont la capacité de réduire la production de molécules pro-inflammatoires. En modulant cette production, le microbiome contribue à maintenir un équilibre entre les processus inflammatoires et anti-inflammatoires.

- Régulation de la Réponse Immunitaire Adaptative : Le microbiome influence également la réponse immunitaire adaptative, qui intervient dans des réponses immunitaires spécifiques. Une dysbiose, un déséquilibre du microbiome, peut entraîner des réponses immunitaires inappropriées et une inflammation chronique.

- Lien avec les Maladies Inflammatoires Chroniques : Des études suggèrent que des altérations du microbiome sont associées à des maladies inflammatoires chroniques telles que la maladie inflammatoire de l'intestin (MII), l'arthrite rhumatoïde et même des troubles neurologiques liés à l'inflammation.

- Effet Systémique : Les signaux générés par le microbiome peuvent avoir un effet systémique, affectant des organes distants par le biais de la circulation sanguine. Ainsi, des modifications dans le microbiome peuvent influencer l'inflammation à l'échelle du corps.

- Réponse aux Antigènes Alimentaires : Des altérations du microbiome peuvent influencer la manière dont le système immunitaire réagit aux antigènes alimentaires. Cela peut contribuer à des réponses inflammatoires inappropriées, notamment dans le contexte des allergies alimentaires et des intolérances.

Métabolisme et Nutrition

Les micro-organismes du microbiome, en particulier celui présent dans le tube digestif, sont impliqués dans la dégradation des nutriments et la régulation du métabolisme. Des dysfonctionnements dans ces processus peuvent contribuer à des conditions telles que l'obésité et le diabète, influençant directement la qualité de vie et la durée de vie.

Voici comment le microbiome impacte ces processus clés :

- Dégradation des Fibres Alimentaires : Les bactéries du microbiome ont la capacité de dégrader les fibres alimentaires non digestibles que le système digestif humain ne peut pas traiter. Cette dégradation produit des métabolites, notamment des acides gras à chaîne courte (AGCC), qui ont des effets bénéfiques sur la santé intestinale et peuvent être utilisés comme source d'énergie.

- Fermentation des Glucides Complexes : Les bactéries du microbiome peuvent fermenter certains glucides complexes qui ne sont pas entièrement absorbés dans l'intestin grêle. Ce processus produit également des

AGCC, qui jouent un rôle important dans la régulation de la glycémie et du métabolisme lipidique.

- Métabolisme des Acides Biliaires : Le microbiome influence le métabolisme des acides biliaires, qui sont impliqués dans l'absorption des graisses et des vitamines liposolubles. Des altérations dans la composition du microbiome peuvent affecter la concentration et la biodisponibilité des acides biliaires, influençant ainsi le métabolisme des lipides.

- Métabolisme des Protéines : Certains composants du microbiome sont capables de dégrader les protéines alimentaires. Ce processus produit des métabolites tels que l'ammoniac, qui peuvent être absorbés et métabolisés par l'hôte.

- Régulation de l'Absorption des Nutriments : Le microbiome peut influencer la barrière intestinale et la perméabilité intestinale. Une régulation appropriée de la perméabilité intestinale est cruciale pour l'absorption efficace des nutriments tout en empêchant le passage non contrôlé de substances indésirables dans le sang.

- Production de Vitamines : Certains micro-organismes du microbiome ont la capacité de synthétiser certaines vitamines, comme la vitamine K et certaines vitamines du groupe B. Ces vitamines sont importantes pour divers processus métaboliques dans le corps.

- Influence sur le Poids Corporel : Des recherches suggèrent que la composition du microbiome peut influencer le poids corporel et le métabolisme énergétique. Des déséquilibres dans le microbiome ont été associés à des conditions telles que l'obésité et le diabète de type 2.

- Régulation de l'Appétit : Le microbiome peut influencer la régulation de l'appétit en modifiant la production de certaines hormones impliquées dans la satiété et la faim. Cela peut avoir des implications sur la gestion du poids corporel.

- Réponse à l'Insuline et au Glucose : Des études ont montré que la composition du microbiome peut influencer la réponse à l'insuline et la régulation du glucose, des éléments clés dans le métabolisme des glucides et le développement du diabète.

- Implication dans les Maladies Métaboliques : Des altérations du microbiome ont été associées à des maladies métaboliques, notamment l'obésité, le diabète de type 2, et les maladies cardiovasculaires.

Microbiome et Santé Mentale

En plus des effets physiques, le microbiome exerce une influence profonde sur notre bien-être psychologique, ouvrant ainsi de nouvelles perspectives passionnantes dans ce domaine de recherche.

Fondements de la Connexion Cerveau-Intestin

L'Axe Intestin-Cerveau

L'axe intestin-cerveau désigne un réseau complexe de communication bidirectionnelle entre le système nerveux entérique du tractus gastro-intestinal et le système nerveux central, principalement le cerveau. Cette interaction dynamique est cruciale pour réguler une variété de fonctions physiologiques et psychologiques, allant de la digestion à la modulation de l'humeur. L'axe intestin-cerveau implique une coordination étroite entre les signaux neuronaux, hormonaux et immunitaires, avec le microbiome intestinal jouant un rôle central dans cette communication. En effet, le microbiome intestinal interagit avec l'axe intestin-cerveau en produisant des métabolites et des molécules bioactives qui peuvent influencer la signalisation neuronale et immunitaire.

Le Deuxième Cerveau

Le système nerveux entérique est souvent désigné comme le « deuxième cerveau » en raison de son importance cruciale dans la régulation des fonctions intestinales et de son complexe réseau de neurones intrinsèques.

Voici plus d'information sur le système nerveux entérique :

- Localisation : Le SNE est localisé dans la paroi du tube digestif, comprenant l'œsophage, l'estomac, l'intestin grêle et le côlon. Il est structuré en deux plexus principaux : le plexus myentérique (ou plexus d'Auerbach) entre les couches musculaires longitudinales et circulaires, et le plexus sous-muqueux (ou plexus de Meissner) dans la sous-muqueuse.

- Autonomie Fonctionnelle : Le SNE est capable de réguler de manière autonome plusieurs fonctions intestinales, y compris la motilité intestinale, la sécrétion d'hormones et d'enzymes, l'absorption des nutriments et la régulation du flux sanguin.

- Neurones Intrinsèques : Le SNE contient des neurones intrinsèques qui forment des circuits neuronaux locaux sans nécessiter une intervention du cerveau central. Ces neurones sont impliqués dans la coordination des contractions musculaires et la régulation des sécrétions.

- Communication avec le Cerveau : Bien que le SNE puisse fonctionner de manière indépendante, il communique étroitement avec le cerveau par l'intermédiaire de l'axe intestin-cerveau. Les signaux sensoriels provenant du tube digestif sont transmis au cerveau, influençant des aspects tels que l'appétit, la satiété et les émotions.

- Rôle Immunitaire : Le SNE joue un rôle important dans la régulation du système immunitaire intestinal. Il participe à la réponse immunitaire locale, protégeant contre les agents pathogènes et régulant la tolérance aux antigènes alimentaires.

- Relation avec le Microbiome : Le SNE interagit avec le microbiome intestinal et contribue à maintenir l'équilibre microbiologique et influence divers aspects de la santé intestinale.

Production de Neurotransmetteurs

La production de neurotransmetteurs par le microbiome est un aspect fascinant de l'interaction complexe entre les micro-organismes intestinaux et le système nerveux. Les neurotransmetteurs sont des substances chimiques qui facilitent la communication entre les cellules nerveuses, jouant un rôle crucial dans la régulation du système nerveux et du comportement. Plusieurs neurotransmetteurs sont produits ou influencés par le microbiome, impactant ainsi la communication entre l'intestin et le cerveau.

Voici quelques-uns des principaux neurotransmetteurs impliqués dans cette interaction :

- Sérotonine : Le microbiome, en particulier certaines bactéries, contribue à la production de sérotonine. La sérotonine est un neurotransmetteur clé associé à la régulation de l'humeur, du sommeil et de l'appétit.

- Acide Gamma-Aminobutyrique (GABA) : Certains micro-organismes du microbiome peuvent produire du GABA, un neurotransmetteur inhibiteur qui a des effets apaisants sur le système nerveux. Le GABA est impliqué dans la gestion du stress et de l'anxiété.

- Dopamine : Des recherches suggèrent que le microbiome peut influencer la production de dopamine, un neurotransmetteur lié à la récompense, à la motivation et au contrôle moteur.

- Noradrénaline : Certains micro-organismes intestinaux peuvent également participer à la production de noradrénaline, qui joue un rôle dans la réponse au stress et la régulation de l'humeur.

- Glutamate : Le microbiome peut influencer la production de glutamate, un neurotransmetteur excitateur essentiel pour la transmission rapide des signaux entre les neurones.

- Histamine : Certains micro-organismes peuvent produire de l'histamine, qui agit comme un neurotransmetteur dans le système nerveux central, régulant divers processus physiologiques.

- Peptides : En plus des neurotransmetteurs classiques, le microbiome peut produire des peptides bioactifs qui ont des effets sur le système nerveux, influençant la communication neuronale.

Liens Entre Microbiome, Longévité et Santé Mentale

Maladies Neurodégénératives

Les maladies neurodégénératives sont un groupe de troubles caractérisés par la dégénérescence progressive des cellules nerveuses du cerveau ou du système nerveux central, entraînant une altération graduelle des fonctions cognitives, motrices ou sensorielles. Ces maladies incluent des affections telles que la maladie d'Alzheimer, la maladie de Parkinson, la maladie de Huntington et la sclérose latérale amyotrophique (SLA). Les symptômes varient en fonction de la maladie, mais elles partagent souvent des caractéristiques telles que la perte de mémoire, des troubles moteurs, et une détérioration générale des capacités fonctionnelles, entraînant des impacts significatifs sur la qualité de vie des personnes atteintes.

Le lien potentiel entre le microbiome et les maladies neurodégénératives est un domaine de recherche fascinant. Voici quelques points clés sur ce thème :

- Influence du Microbiome sur l'Inflammation : Des études suggèrent que des changements dans la composition du microbiome pourraient contribuer à l'inflammation chronique qui est souvent associée aux maladies neurodégénératives comme la maladie d'Alzheimer et la maladie de Parkinson.

- Barrière Hémato-Encéphalique (BHE) : La barrière hémato-encéphalique sépare le système circulatoire du cerveau, contrôlant le passage des substances entre le sang et le tissu cérébral. Certains composants du microbiome semblent influencer la perméabilité de cette barrière, impactant ainsi le cerveau et sa fonction.

- Agrégation de Protéines et Stress Oxydatif : Des études suggèrent que des bactéries intestinales pourraient influencer la formation d'agrégats de protéines dans le cerveau, une caractéristique observée dans plusieurs maladies neurodégénératives. Le microbiome pourrait également affecter les niveaux de stress oxydatif, un facteur lié au vieillissement du cerveau.

Plasticité Cérébrale

La plasticité cérébrale est la capacité du cerveau à se modifier structurellement et fonctionnellement en réponse à l'expérience et à l'environnement. Elle englobe la plasticité synaptique, qui concerne les changements dans la force des connexions entre les neurones, ainsi que la plasticité structurelle, impliquant des modifications physiques dans la structure neuronale. Cette adaptabilité du cerveau permet d'optimiser les circuits neuronaux en fonction des stimuli externes, favorisant des processus tels que l'apprentissage, la mémoire, et la récupération après des lésions. La plasticité cérébrale est un phénomène dynamique tout au long de la vie, jouant un rôle crucial dans l'adaptation du cerveau à son environnement et influençant la cognition et le comportement.

Le microbiome exerce une influence sur la plasticité cérébrale à travers divers mécanismes :

- La production de neurotransmetteurs et métabolites peut moduler la communication neuronale, impactant ainsi la plasticité synaptique.

- Des déséquilibres dans la composition du microbiome peuvent conduire à une inflammation systémique, qui, par des voies de communication bidirectionnelles, peut altérer la plasticité cérébrale.

- Les métabolites microbiens traversant la barrière hémato-encéphalique peuvent également jouer un rôle dans ces changements.

Troubles Neurologiques

Les troubles neurologiques liés au vieillissement désignent les altérations et dysfonctionnements du système nerveux qui surviennent naturellement avec le processus de vieillissement. Ces troubles affectent le cerveau, la moelle épinière et les nerfs périphériques, entraînant souvent des changements dans la cognition, la motricité et d'autres fonctions neurologiques. Parmi les exemples courants de troubles neurologiques liés au vieillissement, on trouve la démence ou les accidents vasculaires cérébraux. Ces troubles peuvent avoir des implications importantes sur la qualité de vie des personnes âgées et exigent souvent une approche multidisciplinaire pour le diagnostic, la prise en charge et le traitement.

Des recherches émergentes suggèrent un lien potentiel entre le microbiome ces altérations. En effet, des changements dans la composition du microbiome pourraient contribuer à l'inflammation systémique et à la dysfonction immunitaire, des facteurs impliqués dans la pathogenèse de ces affections.

Inflammation et Réponse Immunitaire

L'inflammation et la réponse immunitaire dans le vieillissement font référence à des changements dans le système immunitaire et aux processus inflammatoires qui surviennent naturellement avec l'avancée de l'âge. L'inflammation chronique, parfois appelée « inflammaging », est un état d'inflammation de bas niveau qui persiste pendant de longues périodes et est associé au vieillissement. La réponse immunitaire peut devenir moins régulée et moins efficace, ce qui peut entraîner une réaction excessive ou insuffisante aux stimuli externes, tels que les infections ou les lésions tissulaires. Ces changements peuvent contribuer au développement de diverses maladies liées à l'âge, y compris les maladies cardiovasculaires, neurodégénératives et certaines formes de cancer.

Le microbiome exerce une influence significative sur l'inflammation et la réponse immunitaire. Des déséquilibres dans la composition du microbiome peuvent contribuer à l'inflammation chronique, un état de bas grade d'inflammation persistante associé au vieillissement. De plus, les interactions entre le microbiome et le système immunitaire sont étroites, modulant la production de cytokines et d'autres médiateurs inflammatoires. Certains microbes intestinaux peuvent également produire des métabolites qui influent sur la régulation de l'inflammation. Des études suggèrent que des altérations du microbiome pourraient contribuer à des maladies inflammatoires, auto-immunes, et même à des troubles neurologiques liés à l'inflammation.

Circulation Sanguine Cérébrale

La circulation sanguine cérébrale dans le vieillissement fait référence aux changements dans le flux sanguin vers le cerveau qui surviennent naturellement avec l'avancée de l'âge. Ces changements peuvent inclure une diminution du débit sanguin cérébral, des altérations dans la régulation vasculaire, et des modifications dans la structure des vaisseaux sanguins cérébraux. La circulation sanguine cérébrale joue un rôle crucial dans l'approvisionnement d'oxygène et de nutriments nécessaires au fonctionnement optimal du cerveau. Les altérations de la circulation sanguine cérébrale associées au vieillissement peuvent contribuer à des troubles neurologiques.

Parmi les exemples courants, on trouve :

- Accident Vasculaire Cérébral (AVC) : Les AVC surviennent lorsque la circulation sanguine vers une partie du cerveau est interrompue, généralement en raison d'un caillot sanguin ou d'un saignement, ou hémorragie. Les personnes âgées sont plus susceptibles de développer des AVC en raison de l'accumulation de facteurs de risque vasculaires au fil du temps.

- Démence Vasculaire : La démence vasculaire est un trouble caractérisé par des pertes de mémoire, des troubles cognitifs et des changements de personnalité causés par des lésions cérébrales résultant de problèmes circulatoires, tels que des petits accidents vasculaires cérébraux répétés.

- Maladie des Petits Vaisseaux Cérébraux : Aussi connue sous le nom de leucoaraïose, cette maladie est caractérisée par la présence de lésions dans la substance blanche du cerveau. Elle est souvent associée à des facteurs vasculaires et peut contribuer à des troubles cognitifs chez les personnes âgées.

- Maladie d'Alzheimer avec Composante Vasculaire : Certains cas de la maladie d'Alzheimer présentent une composante vasculaire, où les problèmes de circulation sanguine peuvent interagir avec les changements neurodégénératifs caractéristiques de la maladie d'Alzheimer.

- Troubles de la Marche et de l'Équilibre : Des problèmes circulatoires peuvent entraîner des troubles de la marche et de l'équilibre chez les personnes âgées, augmentant ainsi le risque de chutes et de blessures.

Ces troubles sont souvent multifactoriels et peuvent résulter de l'interaction complexe entre le vieillissement, les facteurs génétiques et environnementaux, ainsi que les maladies vasculaires sous-jacentes. La prévention et la gestion de ces troubles impliquent souvent des interventions visant à maintenir une circulation sanguine cérébrale adéquate, notamment par le contrôle des facteurs de risque vasculaires tels que l'hypertension artérielle, le diabète et l'hypercholestérolémie.

Cependant, l'influence du microbiome sur la circulation sanguine cérébrale devient une perspective intrigante de recherche. Des travaux récents suggèrent que la composition du microbiome peut influencer la santé des vaisseaux sanguins, notamment ceux du cerveau. Des déséquilibres dans le microbiome pourraient contribuer à des processus inflammatoires et métaboliques qui affectent la fonction vasculaire. Des mécanismes potentiels comprennent la production de métabolites microbiens, capables de traverser la barrière hémato-encéphalique, modifiant ainsi les propriétés des vaisseaux cérébraux.

Approches Nutritionnelles

Fondements de l'Équilibre Microbien

Diversité Alimentaire

La diversité des aliments consommés joue un rôle crucial dans la promotion de la diversité microbienne. Les régimes riches en fibres, en polyphénols, et en prébiotiques favorisent une plus grande variété de micro-organismes bénéfiques, créant ainsi un écosystème microbien robuste.

Voici pourquoi la diversité alimentaire est importante pour le microbiome humain :

- Richesse en Nutriments : Une alimentation diversifiée fournit une gamme plus large de nutriments essentiels tels que les vitamines, les minéraux, les fibres, et les antioxydants. Ces nutriments sont non seulement bénéfiques pour l'hôte humain, mais aussi pour les micro-organismes du microbiome.

- Écologie Microbienne Intestinale : La diversité alimentaire contribue à créer une riche écologie microbienne intestinale, où différentes espèces bactériennes coexistent et interagissent de manière complexe.

- Protection contre les Maladies : Un microbiome diversifié est souvent associé à une meilleure résilience face aux infections et aux maladies. Il peut également jouer un rôle dans la prévention de maladies chroniques telles que l'obésité, le diabète de type 2, et les maladies inflammatoires de l'intestin.

- Adaptabilité du Microbiome : Une alimentation variée permet au microbiome de s'adapter à différents substrats alimentaires. Cela encourage la flexibilité métabolique des bactéries, ce qui peut être bénéfique pour la santé générale.

Impact des Macronutriments

Les proportions de macronutriments dans l'alimentation influent sur la croissance des différentes populations microbiennes. Équilibrer ces composants alimentaires peut favoriser un microbiome équilibré et fonctionnel.

Voici comment chaque macronutriment peut influencer le microbiome :

- *Glucides :* Les fibres alimentaires, un type de glucide non digestible, sont une source majeure de nourriture pour les bactéries intestinales. Les bactéries fermentent les fibres pour produire des acides gras à chaîne courte (AGCC), qui sont bénéfiques pour la santé intestinale. Certains glucides, tels que les fructo-oligosaccharides (FOS) et les galacto-oligosaccharides (GOS), agissent comme des prébiotiques, favorisant la croissance des bactéries bénéfiques.

- *Protéines* : La composition du microbiome peut être influencée par la quantité et le type de protéines consommées. Une alimentation riche en protéines animales peut favoriser la croissance de certaines souches bactériennes, tandis que des protéines végétales peuvent avoir des effets différents. La dégradation des protéines par les bactéries peut produire des composés tels que l'ammoniac, qui, en excès, peuvent être néfastes pour la santé intestinale.

- *Lipides* : Les différents types de graisses, tels que les acides gras saturés, insaturés et polyinsaturés, peuvent avoir des effets différents sur le microbiome. Certains acides gras, comme ceux présents dans les huiles végétales, peuvent être bénéfiques. Des études suggèrent que des régimes riches en graisses saturées peuvent contribuer à une inflammation qui affecte le microbiome.

Le Superstars Nutritionnelles pour le Microbiome

Fibres Alimentaires

Les fibres alimentaires jouent un rôle crucial dans la santé du microbiome en agissant comme un substrat préférentiel pour les bactéries intestinales bénéfiques. Ces composés non digestibles atteignent les côlons intacts, où ils servent de source d'énergie pour les bactéries commensales. En fermentant ces fibres, les micro-organismes produisent des métabolites tels que les acides gras à chaîne courte, qui exercent des effets bénéfiques sur la muqueuse intestinale, renforcent la barrière intestinale, et modulent le système immunitaire. Une alimentation riche en fibres favorise ainsi la diversité bactérienne, essentielle pour un microbiome équilibré. En plus de soutenir la santé digestive, cette interaction entre les fibres alimentaires et le microbiome est associée à des avantages plus vastes pour la santé, tels que la régulation du poids, la gestion de l'inflammation, et la prévention de certaines maladies métaboliques. Ainsi, intégrer une variété de fibres alimentaires dans l'alimentation quotidienne est une stratégie cruciale pour maintenir l'équilibre du microbiome et favoriser une santé globale optimale.

On trouve des fibres solubles dans les fruits, tels que les pommes, les poires et les baies. Les légumes, en particulier les carottes et les poivrons, offrent des fibres insolubles qui contribuent à la sensation de satiété et à une digestion efficace. D'autres sources de fibres incluent les légumineuses, comme les haricots, les lentilles et les pois chiches, les céréales complètes, telles que le quinoa, l'avoine et le riz brun, et les fruits secs tels que les noix, les graines de chia et les amandes.

Polyphénols Antioxydants

Les polyphénols antioxydants, présents dans de nombreux aliments d'origine végétale tels que les fruits, les légumes, le thé et le vin rouge, jouent un rôle crucial dans la santé du microbiome intestinal. Ces composés végétaux bioactifs exercent des effets bénéfiques en agissant comme prébiotiques, favorisant la croissance des bactéries bénéfiques dans le microbiome. Les polyphénols sont métabolisés par les bactéries intestinales en métabolites bioactifs, tels que les acides phénoliques et les lignanes, qui exercent des effets anti-inflammatoires et modulent la réponse immunitaire. De plus, les polyphénols peuvent contribuer à la régulation du poids, à la prévention des maladies métaboliques et à la protection contre le stress oxydatif.

Probiotiques Naturels

Les probiotiques sont des micro-organismes bénéfiques qui se trouvent naturellement dans certains aliments fermentés, tels que le yaourt, le kéfir, la choucroute, le miso et le kimchi. Les probiotiques contribuent à l'équilibre de la flore intestinale en favorisant la croissance de bactéries bénéfiques et en inhibant la prolifération de micro-organismes nuisibles. Ils renforcent la barrière intestinale, participent à la digestion des fibres alimentaires et synthétisent des composés bioactifs, comme des acides gras à chaîne courte. En soutenant le microbiome, les probiotiques naturels ont des implications positives pour la santé digestive, renforcent le système immunitaire, et sont liés à des effets bénéfiques au-delà du tractus gastro-intestinal, tels que la modulation de l'inflammation et même des impacts sur la santé mentale.

Suppléments alimentaires

Les suppléments alimentaires sont de plus en plus populaires pour favoriser la santé du microbiome intestinal.

Les suppléments prébiotiques, tels que l'inuline, favorisent la croissance des bifidobactéries et stimulent la production d'acides gras à chaîne courte par fermentation. Les fructo-oligosaccharides (FOS) nourrissent sélectivement des souches bactériennes bénéfiques, améliorant la diversité microbienne et contribuant à la régulation de la glycémie. Les galacto-oligosaccharides (GOS) favorisent la croissance de bifidobactéries, ayant des effets bénéfiques sur la santé intestinale, et sont couramment utilisés dans les formules pour nourrissons. La lactulose stimule la croissance de bifidobactéries et lactobacilles, et est parfois utilisé comme traitement contre la constipation. Enfin, la pectine, prébiotique présente dans les fruits, peut être utilisée en supplément pour stimuler la croissance bactérienne bénéfique.

Les suppléments probiotiques offrent une variété de souches bénéfiques pour la santé digestive et immunitaire. Les lactobacilles, fréquemment présents dans ces suppléments, sont associés à des effets positifs sur la digestion et l'immunité. Les bifidobactéries soutiennent la santé intestinale en favorisant l'équilibre du microbiome. La levure *Saccharomyces boulardii* peut aider à prévenir la diarrhée associée aux antibiotiques. La bactérie lactique *Lactococcus lactis* contribue à la santé intestinale, tout comme *Streptococcus thermophilus*, une autre bactérie lactique souvent présente dans les produits laitiers fermentés.

Certains suppléments sont symbiotiques et combinent probiotiques et prébiotiques, offrant une approche synergique pour soutenir la santé digestive. Des formulations telles que les gélules contenant des bifidobactéries et de l'inuline sont conçus pour optimiser l'efficacité digestive en offrant une source de nutriments directe aux probiotiques, favorisant ainsi leur survie et leur activité dans le microbiome intestinal.

Nouvelles Approches Nutritionnelles

Médecine Nutritionnelle Personnalisée

La médecine nutritionnelle personnalisée offre des perspectives passionnantes pour le microbiome. De manière thérapeutique, voici comment elle peut être appliquée :

- L'utilisation de techniques avancées telles que le séquençage de l'ADN permet d'analyser la composition spécifique du microbiome intestinal de chaque individu.

- En fonction des résultats de l'analyse du microbiome, des recommandations nutritionnelles personnalisées sont formulées. Cela peut inclure des ajustements dans la consommation de certains aliments, ou la modulation des apports en fibres, en prébiotiques et en probiotiques.

- Cette approche implique un suivi continu pour évaluer la réponse individuelle aux recommandations. Des ajustements peuvent ensuite être apportés en fonction de l'évolution du microbiome et des objectifs de santé.

De manière prospective, des interventions préventives personnalisées peuvent aussi être élaborées pour maintenir un équilibre microbiome optimal et éviter l'apparition de troubles. Ainsi, l'identification des réponses individuelles aux différents types d'aliments offre la possibilité de concevoir des régimes alimentaires adaptés. De plus, en anticipant les facteurs susceptibles de perturber le microbiome d'un individu, des stratégies préventives peuvent être instaurées pour maintenir la santé microbienne.

Finalement, dans le futur, des thérapies géniques pourraient viser spécifiquement à modifier le microbiome en fonction des caractéristiques génétiques individuelles, ouvrant la voie à des avancées révolutionnaires dans la personnalisation de la santé intestinale.

Évolution des Besoins Nutritionnels avec l'Âge

Les besoins nutritionnels du microbiome évoluent tout au long du cycle de vie et reflètent les changements physiologiques qui surviennent avec l'âge. Dans la petite enfance, une alimentation riche en nutriments favorise le développement d'un microbiome diversifié, crucial pour la croissance et le développement. À l'adolescence, des changements hormonaux peuvent influencer la composition du microbiome, soulignant l'importance d'une alimentation équilibrée. Au cours de la vie adulte, maintenir la diversité microbienne et fournir des prébiotiques et probiotiques devient essentiel pour soutenir la santé intestinale.

En vieillissant, la capacité d'absorption de certains nutriments peut diminuer, nécessitant une adaptation des habitudes alimentaires pour répondre aux besoins changeants du microbiome.

Voici quelques aspects importants à prendre en compte :

- Avec l'âge, des modifications physiologiques, telles que la diminution de la production d'enzymes digestives et la réduction de la surface d'absorption dans l'intestin, peuvent entraîner une absorption moindre de certains nutriments essentiels.

- Certains nutriments, tels que la vitamine B12, la vitamine D et le fer, peuvent être absorbés de manière moins efficace chez les personnes âgées. Cela peut être lié à des changements dans la production d'acide gastrique nécessaire à l'absorption, par exemple.

- La diminution de l'absorption de certains nutriments peut influencer la disponibilité de substrats alimentaires pour les bactéries du microbiome. Cela peut potentiellement affecter la composition du microbiome lui-même.

- Une absorption réduite de vitamine D et de calcium peut contribuer à des problèmes de santé osseuse, tels que l'ostéoporose, chez les personnes âgées.

- Certains nutriments, comme le zinc et la vitamine C, jouent un rôle crucial dans la fonction immunitaire. Une absorption réduite peut affecter la réponse immunitaire, rendant les personnes âgées potentiellement plus vulnérables aux infections.

Défis Éthiques de la Recherche Microbiomique

Confidentialité des Données Microbiomiques

Le séquençage du microbiome génère des données personnelles sensibles. Garantir la confidentialité de ces informations devient crucial pour protéger la vie privée des individus et éviter les abus potentiels.

De plus, la divulgation de données microbiomiques peut ouvrir la porte à la discrimination génétique. Les individus pourraient faire l'objet de préjugés basés sur leur profil microbiomique, affectant l'accès à l'emploi, aux assurances, et plus encore.

Consentement Éclairé et Autonomie

Les interventions visant à modifier le microbiome peuvent être complexes et nécessitent un consentement éclairé. Les individus doivent comprendre pleinement les risques et les bénéfices potentiels, tout en conservant leur autonomie dans la prise de décision.

De plus, la transparence dans la recherche sur le microbiome est cruciale pour établir la confiance du public. La divulgation des méthodologies, des résultats et des implications éthiques est essentielle.

Par ailleurs, la recherche sur le microbiome soulève des préoccupations quant à l'équité dans l'accès aux interventions. Des questions éthiques surgissent lorsque certaines populations ont un accès privilégié à ces technologies, créant ainsi des disparités en matière de santé.

Défis liés à la Modification du Microbiome

La complexité des interactions microbiennes rend difficile la prédiction de tous les effets secondaires possibles des interventions sur le microbiome. Des conséquences inattendues pourraient survenir, nécessitant une gestion éthique adéquate.

Ainsi, la manipulation du microbiome peut perturber l'équilibre délicat de la biodiversité microbienne. Protéger cette biodiversité tout en poursuivant la recherche sur le microbiome devient un défi.

Cadre Réglementaire et Normatif

La recherche sur le microbiome nécessite des cadres réglementaires clairs pour guider les scientifiques, les cliniciens et les entreprises impliqués. Des normes éthiques devraient être établies pour encadrer la manipulation du microbiome.

Engager les parties prenantes, y compris les experts en éthique, les communautés concernées et le grand public, dans le processus décisionnel est essentiel pour créer des normes éthiques et sociétales solides.

Conclusion

Au cours de ce chapitre, nous avons révélé la complexité du microbiome humain. En mettant en évidence les liens entre la composition en micro-organismes du microbiome et la longévité, nous soulignons l'importance de ce domaine de recherche pour appréhender et influencer le processus de vieillissement, avec des interactions complexes influençant la santé cognitive, métabolique et immunitaire.

Une avancée prometteuse à venir réside dans la personnalisation des interventions microbiomiques. En comprenant mieux les réponses individuelles, il sera envisageable de concevoir des approches sur mesure pour corriger ou optimiser le microbiome de chaque individu. Par ailleurs, l'identification précoce des déséquilibres microbiens liés à des problèmes de santé pourrait ouvrir la voie à des interventions préventives, permettant de corriger ces déséquilibres avant qu'ils n'engendrent des problèmes de santé plus sérieux. Une collaboration étroite entre chercheurs, cliniciens, éthiciens et le grand public sera cruciale pour maximiser les avantages de la recherche microbiomique tout en minimisant les risques.

6

Thérapies de Rajeunissement Cellulaire

Introduction

Les Thérapies de Rajeunissement

Les thérapies de rajeunissement cellulaire offrent une approche novatrice pour lutter contre les effets débilitants du vieillissement. Elles s'attaquent aux processus biologiques sous-jacents qui contribuent à la dégradation des cellules, tissus et organes au fil du temps. Les chercheurs explorent diverses voies, de la régénération tissulaire à la modulation des mécanismes métaboliques.

L'une des facettes essentielles de ces thérapies est leur capacité à améliorer la qualité de vie en favorisant la santé à long terme. Plutôt que de simplement traiter les maladies liées à l'âge, ces thérapies aspirent à créer un état de bien-être général, permettant aux individus de vivre plus longtemps tout en maintenant une fonctionnalité physique et mentale optimale.

Voici quelques-unes de ces techniques :

- Thérapie Génique : Dans le contexte du rajeunissement cellulaire, la thérapie génique peut viser à activer des voies cellulaires associées à la régénération et à la réparation des tissus.

- Thérapie Cellulaire : La thérapie cellulaire implique l'administration de cellules souches ou de cellules génétiquement modifiées pour régénérer des tissus endommagés. Les cellules souches peuvent être différenciées en divers types cellulaires pour restaurer la fonctionnalité des organes et des tissus.

- Sénolyse : La sénolyse se concentre sur l'élimination des cellules sénescentes, celles qui ont cessé de se diviser et ont perdu leur fonction normale.

- Bio-ingénierie Tissulaire : Cette approche consiste à créer des tissus artificiels en combinant des cellules avec des biomatériaux. Ces tissus bioingénérés peuvent être utilisés pour remplacer ou réparer des tissus dégradés par le vieillissement.

- Thérapie par ARN Messager : L'administration ciblée d'ARN messager peut stimuler la production de protéines bénéfiques pour la régénération cellulaire.

- Thérapie par Exosomes : La thérapie par exosomes vise à utiliser ces vésicules pour transférer des signaux régénératifs entre les cellules, stimulant ainsi la régénération tissulaire.

Rôle des Cellules Sénescentes

Au cœur des approches de rajeunissement cellulaire se trouve la reconnaissance de l'importance capitale des cellules sénescentes dans le processus de vieillissement. Ces cellules, une fois actives dans le corps, subissent des changements phénotypiques qui les rendent incapables de se diviser et de contribuer au renouvellement tissulaire. Au lieu de participer aux processus de régénération, elles sécrètent des substances pro-inflammatoires, créant un environnement hostile propice à la progression accélérée du vieillissement et au développement de maladies associées à l'âge.

La sénolyse, processus consistant à éliminer sélectivement ces cellules sénescentes, représente ainsi une stratégie innovante et en éliminant activement ces agents du vieillissement, les chercheurs aspirent non seulement à traiter les symptômes, mais aussi à rétablir la jeunesse physiologique.

Rôle des Cellules Souches

Les cellules souches, en raison de leur capacité à se renouveler et à se différencier en divers types cellulaires, sont aussi au cœur des approches de rajeunissement cellulaire et tissulaire. Les chercheurs explorent plusieurs types de cellules souches, notamment les cellules souches embryonnaires et les cellules souches adultes, chacune présentant des avantages et des défis spécifiques.

Les cellules souches embryonnaires, dérivées de l'embryon, ont un potentiel de différenciation élevé. Cependant, leur utilisation soulève des questions éthiques et des préoccupations liées à la formation de tumeurs. En revanche, les cellules souches adultes offrent une alternative plus éthique, bien que leur potentiel de différenciation soit limité. Les chercheurs explorent également les cellules souches induites, créées en reprogrammant des cellules adultes pour retrouver des caractéristiques similaires à celles des cellules souches embryonnaires, offrant ainsi une solution éthique et prometteuse.

La stimulation des cellules souches implique des techniques visant à augmenter la prolifération et la différenciation de ces cellules régénératrices. Les facteurs de croissance, les environnements de culture spécifiques et les signaux biochimiques sont autant de moyens déployés pour optimiser l'efficacité de ces thérapies. Cette approche offre des perspectives considérables pour la réparation des tissus endommagés, qu'il s'agisse du cerveau, du cœur, des muscles ou d'autres organes vitaux.

Sénescence et Sénolyse

Mécanismes cellulaires de la sénescence

La sénescence cellulaire est un processus complexe intrinsèquement lié au vieillissement. Il s'agit d'un état où les cellules perdent leur capacité à se diviser, souvent accompagné de changements phénotypiques marqués. Une compréhension approfondie des mécanismes cellulaires sous-jacents à la sénescence est essentielle pour élucider les voies de régulation qui pourraient être exploitées dans le cadre des thérapies de rajeunissement.

Le rôle du stress oxydatif

Le stress oxydatif provient de l'accumulation de radicaux libres dans les cellules. Les radicaux libres sont des molécules instables qui contiennent un électron non apparié, les rendant très réactives.

Dans le contexte du vieillissement, plusieurs facteurs contribuent à la production accrue de radicaux libres et au stress oxydatif associé :

- Métabolisme cellulaire : Les processus métaboliques normaux, tels que la production d'énergie dans les mitochondries, génèrent des radicaux libres en tant que sous-produits. Avec le temps, ces radicaux libres peuvent endommager les structures cellulaires, y compris l'ADN, les protéines et les lipides.

- Exposition aux facteurs environnementaux : L'exposition à des facteurs environnementaux tels que la pollution atmosphérique, les rayons ultraviolets du soleil, les radiations ionisantes et les produits chimiques toxiques peut augmenter la production de radicaux libres.

- Diminution de l'efficacité des systèmes de défense antioxydants : Le corps dispose de systèmes de défense antioxydants, tels que les enzymes superoxyde dismutase, la catalase et les antioxydants non enzymatiques (vitamine C, vitamine E, glutathion, etc.), qui neutralisent les radicaux libres. Cependant, avec le vieillissement, la capacité du corps à produire et à utiliser ces antioxydants peut diminuer, augmentant ainsi la vulnérabilité au stress oxydatif.

- Inflammation chronique : L'inflammation chronique, souvent présente dans le processus de vieillissement, peut également contribuer à la production de radicaux libres. Les cellules inflammatoires, telles que les macrophages, peuvent libérer des espèces réactives de l'oxygène (ROS) lorsqu'elles sont activées, augmentant ainsi le stress oxydatif.

En résumé, le stress oxydatif résulte d'une combinaison de processus métaboliques normaux, d'expositions environnementales, de changements dans les systèmes de défense antioxydants et de l'inflammation. Ces facteurs interagissent de manière complexe et contribuent collectivement à l'accumulation de dommages cellulaires.

Ainsi, le stress oxydatif émerge comme l'un des déclencheurs majeurs de la sénescence cellulaire, induisant une réponse de sénescence pour prévenir la prolifération des cellules endommagées.

Les dommages à l'ADN

Les dommages à l'ADN sont un aspect inévitable du processus de vieillissement, résultant de divers facteurs intrinsèques et extrinsèques. Certains dommages à l'ADN proviennent de sources internes, notamment des processus cellulaires normaux tels que la réplication de l'ADN et le métabolisme cellulaire. Ces erreurs peuvent se produire naturellement au fil du temps, entraînant des mutations génétiques et des altérations de l'ADN. D'autre part, des facteurs externes, tels que l'exposition aux rayons ultraviolets du soleil, aux produits chimiques toxiques, aux radiations ionisantes et au stress oxydatif, contribuent également aux dommages à l'ADN.

L'accumulation de ces dommages au fil du temps peut contribuer au processus de vieillissement en altérant la fonction cellulaire. Les mécanismes de réparation de l'ADN dans les cellules peuvent atténuer certains de ces dommages, mais avec le temps, le processus de réparation peut devenir moins efficace, contribuant aussi au vieillissement.

Les dommages à l'ADN sont des déclencheurs puissants de la sénescence cellulaire. En effet, ils activent des mécanismes de surveillance qui signalent la nécessité d'arrêter la division cellulaire pour éviter la propagation de mutations.

La régulation par les télomères

Les télomères jouent un rôle crucial dans le processus de vieillissement cellulaire. Les télomères sont des structures d'ADN situées à l'extrémité des chromosomes, et ils fonctionnent comme des « bouchons » protecteurs. Leur rôle principal est de prévenir la dégradation et la fusion des chromosomes adjacents pendant les divisions cellulaires. Cependant, à chaque division cellulaire, les télomères se raccourcissent progressivement, car l'enzyme responsable de la réplication de l'ADN ne peut pas copier complètement les extrémités.

Lorsque les télomères deviennent trop courts, les cellules entrent en sénescence cellulaire, soit un arrêt permanent de leur cycle cellulaire. Cette régulation télomérique est un mécanisme de défense intégré pour prévenir la prolifération incontrôlée des cellules.

Les voies de signalisation de la sénescence

Plusieurs voies de signalisation interviennent dans le processus de sénescence, notamment les voies p53/p21 p16INK4a/Rb. Ces voies agissent comme des interrupteurs moléculaires, coordonnant l'arrêt du cycle cellulaire et l'entrée en sénescence en réponse aux signaux de stress et de dommages.

Voici comment ces voies interviennent dans la sénescence cellulaire :

Voie p53/p21 :

- p53 : Le gène p53 est souvent appelé le "gardien du génome". En réponse à des stress cellulaires tels que des dommages à l'ADN, p53 est activé. Il agit comme un facteur de transcription, régulant l'expression de gènes impliqués dans la réparation de l'ADN, l'arrêt du cycle cellulaire et, dans le contexte de la sénescence, l'activation de p21.

- p21 : Lorsque p53 est activé, il stimule la production de p21 qui est un inhibiteur de kinase cycline-dépendante (CDK) etbloque l'activité des complexes CDK/cycline, essentiels à la progression du cycle cellulaire. En inhibant ces complexes, p21 induit un arrêt du cycle cellulaire.

Voie p16INK4a/Rb

- p16INK4a : p16INK4a est un inhibiteur de CDK qui régule négativement la progression du cycle cellulaire. Son expression est souvent accrue en réponse à des signaux de stress ou de dommages cellulaires associés au vieillissement. p16INK4a inhibe spécifiquement la CDK4/6, ce qui empêche la phosphorylation du rétinoblastome (Rb).

- Rb (réstinoblastome) : Rb est une protéine qui bloque la progression du cycle cellulaire en inhibant la libération du facteur de transcription E2F, nécessaire à la transcription des gènes impliqués dans la progression du cycle cellulaire. Lorsque p16INK4a inhibe la CDK4/6, Rb n'est pas phosphorylé, maintenant ainsi son action inhibitrice sur E2F. Cela conduit à un arrêt du cycle cellulaire, contribuant à la sénescence.

Facteurs qui Conduisent à l'Accumulation de Cellules Sénescentes avec l'Âge

Alors que la sénescence cellulaire est un mécanisme de protection nécessaire en réponse à divers stress cellulaires, son accumulation progressive avec l'âge est étroitement liée aux changements observés dans les tissus et les organes au fil du temps. Comprendre les facteurs qui contribuent à cette accumulation permet de cibler spécifiquement les processus sous-jacents dans le développement de stratégies de lutte contre le vieillissement.

Diminution de l'efficacité des mécanismes de réparation de l'ADN

Avec l'âge, la capacité des cellules à réparer l'ADN endommagé diminue, conduisant à une accumulation progressive de mutations. Ces mutations activent les mécanismes de sénescence pour prévenir la prolifération de cellules aberrantes présentant des altérations génétiques.

Dysfonctionnement des mécanismes antioxydants

La diminution de l'efficacité des mécanismes antioxydants naturels expose les cellules à un stress oxydatif accru, déclenchant ainsi des réponses de sénescence. Cette défaillance contribue à l'accumulation de cellules sénescentes dans les tissus au fil du temps.

Inflammation chronique

Les cellules sénescentes sécrètent des cytokines pro-inflammatoires, créant un environnement inflammatoire chronique. Cette inflammation contribue à la détérioration des tissus et des organes, favorisant davantage l'accumulation de cellules sénescentes.

Altération des mécanismes de dégradation des cellules sénescentes

Avec l'âge, les mécanismes de dégradation des cellules sénescentes, tels que l'autophagie, peuvent devenir moins efficaces, conduisant à une accumulation accrue de ces cellules dans les tissus.

Sénolyse : Élimination Ciblée des Cellules Vieillissantes

La sénolyse, une branche émergente des thérapies de rajeunissement, offre une approche révolutionnaire en ciblant et éliminant spécifiquement les cellules sénescentes pour atténuer les effets du vieillissement.

Agents pharmacologiques

Une approche majeure de la sénolyse repose sur l'utilisation d'agents pharmacologiques, appelés sénolytiques, qui induisent sélectivement la mort des cellules sénescentes. Ces composés exploitent les vulnérabilités uniques des cellules sénescentes, telles que leur résistance réduite à l'apoptose. Des médicaments tels que le dasatinib et la quercétine ont montré des résultats prometteurs, stimulant la recherche clinique pour évaluer leur efficacité chez l'homme.

Ainsi, le dasatinib, initialement développé comme agent anticancéreux, a été découvert pour avoir des propriétés sénolytiques. Il agit en inhibant les voies de signalisation spécifiques aux cellules sénescentes, induisant ainsi leur élimination. La quercétine, un flavonoïde présent dans de nombreux fruits et légumes, complète l'action du dasatinib en favorisant l'apoptose des cellules sénescentes.

Immunothérapie

Une approche novatrice dans la sénolyse exploite le potentiel du système immunitaire pour cibler les cellules sénescentes. Les anticorps monoclonaux spécifiques des marqueurs de surface des cellules sénescentes peuvent marquer ces cellules pour une destruction par les cellules immunitaires, telles que les macrophages. Cette approche capitalise sur la capacité naturelle du système immunitaire à éliminer les cellules défectueuses.

L'immunothérapie de sénolyse utilise la spécificité des anticorps pour cibler les marqueurs de surface, tels que les protéines p16INK4a et p21, exprimées spécifiquement par les cellules sénescentes. En marquant ces cellules, les anticorps déclenchent une réponse immunitaire qui conduit à leur élimination.

Approches génétiques

Les techniques d'édition génique offrent une voie intrigante pour la sénolyse. En modifiant génétiquement les cellules pour les rendre sensibles à un agent antiviral spécifique, les chercheurs ont réussi à éliminer sélectivement les cellules sénescentes. Bien que cette approche soit encore à un stade précoce de développement, elle présente un potentiel révolutionnaire pour une élimination précise des cellules sénescentes.

Sénolyse sélective

Les premières générations de sénolytiques pouvaient avoir une efficacité limitée en ne ciblant pas exclusivement les cellules sénescentes. Cependant, des recherches récentes ont conduit au développement de sénolytiques plus sélectifs, capables de discriminer avec précision les cellules sénescentes des cellules saines avoisinantes. Cette sélectivité accrue minimise les effets secondaires indésirables, un aspect crucial pour des thérapies efficaces à long terme.

La recherche constante de nouvelles cibles moléculaires spécifiques des cellules sénescentes vise à affiner davantage l'efficacité des thérapies de sénolyse. Des marqueurs de surface, des protéines spécifiques et d'autres caractéristiques uniques des cellules sénescentes sont étudiés pour identifier des cibles moléculaires qui pourraient être exploitées dans de nouvelles générations de sénolytiques.

Thérapies combinées

L'idée d'associer la sénolyse à d'autres thérapies anti-âge suscite un intérêt croissant. La combinaison de sénolytiques avec des thérapies anti-inflammatoires, par exemple, pourrait offrir des résultats plus robustes en atténuant simultanément les effets néfastes des cellules sénescentes et en modulant l'inflammation associée. Certaines approches de sénolyse sont aussi intégrées à la transfusion de plasma de jeunes donneurs.

Effets Bénéfiques de la Sénolyse sur la Santé

Les études scientifiques consacrées à la sénolyse ont considérablement évolué au cours des dernières années, offrant un corpus croissant d'évidence démontrant les impacts positifs de cette approche sur divers aspects de la santé.

Une revue approfondie de ces travaux révèle des bénéfices potentiels dans plusieurs domaines clés :

Amélioration de la fonction tissulaire et organique

Des études sur des modèles animaux et des cultures cellulaires ont montré que la sénolyse pouvait améliorer la fonction des tissus et organes affectés par le vieillissement. Par exemple, l'élimination sélective des cellules sénescentes a été associée à une régénération accrue du tissu musculaire, à une amélioration de la fonction cardiaque et à une réduction de la dégénérescence neuronale. Des travaux ont également suggéré que la sénolyse pourrait contribuer à la préservation de la fonction rénale et hépatique, ouvrant ainsi des perspectives pour le traitement des maladies liées à ces organes.

Atténuation des maladies liées à l'âge

Plusieurs études ont exploré les effets de la sénolyse sur des maladies spécifiques liées à l'âge. Par exemple, des modèles expérimentaux ont montré que l'élimination des cellules sénescentes pouvait ralentir la progression de l'athérosclérose, réduire l'inflammation articulaire dans l'arthrose et améliorer la fonction pulmonaire chez les animaux âgés.

Extension de la durée de vie

Des études sur des modèles animaux, notamment des souris, ont suggéré que la sénolyse pouvait contribuer à une extension de la durée de vie. En éliminant activement les cellules sénescentes, ces travaux ont montré une augmentation significative de la survie globale des animaux traités par rapport à ceux du groupe témoin non traité.

Réduction de l'inflammation et amélioration de la santé métabolique

L'une des constatations probantes de la sénolyse réside dans sa capacité à réduire l'inflammation chronique associée au vieillissement. Les cellules sénescentes sécrètent des cytokines pro-inflammatoires, contribuant à un état inflammatoire persistant dans l'organisme. Des études ont montré que l'élimination de ces cellules pouvait entraîner une diminution significative des niveaux d'inflammation, ouvrant ainsi la voie à des bénéfices étendus pour la santé métabolique.

De plus, la sénolyse a été associée à une amélioration de la sensibilité à l'insuline, à une réduction de l'accumulation de graisse viscérale et à une prévention de la résistance à l'insuline, des facteurs clés dans le développement du diabète de type 2 et d'autres troubles métaboliques.

Impacts sur la cognition et la santé cérébrale

Des études ont également examiné les effets de la sénolyse sur la santé cognitive et cérébrale. Dans des modèles animaux de maladies neurodégénératives, la sénolyse a montré des effets neuroprotecteurs, réduisant la dégénérescence neuronale et améliorant les performances cognitives.

Applications Cliniques de la Sénolyse

Alors que la majorité des études sur la sénolyse ont été menées sur des modèles animaux, des essais cliniques chez l'homme commencent à voir le jour. Ces essais visent à évaluer l'efficacité et la sécurité des approches de sénolyse chez les individus, ouvrant ainsi la voie à une application plus large de cette technologie dans le domaine médical.

Maladies Liées à l'Âge

Les applications cliniques de la sénolyse sont étendues, visant principalement les maladies liées à l'âge. Des affections telles que les maladies cardiovasculaires, la démence et le diabète de type 2 sont toutes influencées par l'accumulation de cellules sénescentes. La sénolyse offre ainsi une approche novatrice pour atténuer les symptômes et potentiellement inverser le cours de ces maladies.

Amélioration de la Fonctionnalité Physique

Outre le traitement des maladies spécifiques, la sénolyse vise à améliorer la fonctionnalité physique globale. Des essais cliniques se concentrent sur l'évaluation de l'impact de la sénolyse sur la force musculaire, la flexibilité articulaire et la capacité cardiorespiratoire, cherchant à démontrer que l'élimination des cellules sénescentes peut contribuer à maintenir une qualité de vie élevée chez les individus âgés.

Sénolyse et Arthrose

Des essais cliniques se penchent sur l'efficacité de la sénolyse dans le traitement de l'arthrose, une maladie dégénérative des articulations souvent associée au vieillissement. Les premières études suggèrent que l'élimination des cellules sénescentes dans les articulations peut réduire l'inflammation et améliorer la fonctionnalité articulaire, ouvrant ainsi la voie à des traitements innovants pour cette affection courante.

Sénolyse et Maladies Cardiovasculaires

Les maladies cardiovasculaires, une des principales causes de décès liées à l'âge, font également l'objet d'essais cliniques axés sur la sénolyse. En ciblant les cellules sénescentes présentes dans les vaisseaux sanguins et le tissu cardiaque, ces essais cherchent à évaluer si la sénolyse peut améliorer la fonction cardiaque et réduire le risque de maladies cardiovasculaires.

Sénolyse et Maladies Neurodégénératives

Les maladies neurodégénératives, telles que la maladie d'Alzheimer et la maladie de Parkinson, sont au centre de recherches explorant les applications de la sénolyse. Les premières indications suggèrent que l'élimination des cellules sénescentes du cerveau peut atténuer l'inflammation associée à ces maladies et potentiellement ralentir leur progression, ouvrant ainsi de nouvelles perspectives dans le traitement de ces affections dévastatrices.

Effets Positifs sur la Qualité de Vie

Les évaluations de la qualité de vie indiquent des améliorations subjectives après la sénolyse. Les participants rapportent une diminution des douleurs articulaires, une augmentation de l'énergie et une amélioration de la qualité du sommeil. Ces résultats préliminaires suggèrent que la sénolyse peut avoir un impact positif significatif sur la vie quotidienne des individus âgés.

Intégration Potentielle dans les Soins de Routine

Les résultats préliminaires des essais cliniques suggèrent que la sénolyse pourrait éventuellement être intégrée dans les soins de routine pour les personnes âgées. En atténuant les effets du vieillissement sur la santé, la sénolyse pourrait devenir un outil précieux pour les médecins cherchant à améliorer la qualité de vie de leurs patients âgés.

Nouvelles Stratégies Thérapeutiques Personnalisées

La sénolyse ouvre la voie à des stratégies thérapeutiques personnalisées. En identifiant les tissus spécifiques présentant une accumulation de cellules sénescentes, les traitements pourraient être adaptés pour cibler les besoins individuels, offrant ainsi une approche plus précise et efficace de la médecine anti-âge.

Défis Associés à la Sénolyse

Le défi de la compréhension et de la modulation des processus liés à la sénescence représente un enjeu majeur dans la recherche sur le vieillissement. Tout d'abord, la complexité intrinsèque de la sénescence, le processus biologique qui conduit au vieillissement, nécessite une compréhension approfondie des mécanismes cellulaires et moléculaires impliqués. Les scientifiques sont confrontés à la difficulté de déchiffrer les multiples voies de signalisation et les interactions génétiques qui régissent la sénescence, afin de développer des approches efficaces pour la ralentir.

Un autre défi majeur réside dans l'identification de cibles thérapeutiques spécifiques pour contrer la sénescence. Bien que des progrès significatifs aient été réalisés dans la caractérisation des marqueurs de la sénescence, la traduction de ces découvertes en interventions pharmacologiques demeure un défi.

Enfin, la mise en œuvre de stratégies pour ralentir le vieillissement pose des défis éthiques, sociaux et économiques. Des questions liées à l'accès équitable aux traitements, à l'acceptation sociale des interventions visant à prolonger la vie, et aux implications sur les systèmes de soins de santé doivent être soigneusement abordées. Trouver un équilibre entre les avancées scientifiques, les considérations éthiques et les réalités sociales représente un défi complexe.

Les Cellules Souches dans les Thérapies de Rajeunissement Cellulaire

Les Différents Types de Cellules Souches

Les cellules souches constituent une composante essentielle du développement et de la régénération tissulaire dans les organismes multicellulaires. On distingue généralement deux types principaux de cellules souches : les cellules souches embryonnaires et les cellules souches adultes, également appelées cellules souches somatiques.

Les cellules souches embryonnaires sont extraites à partir de l'embryon au stade précoce, généralement au stade de la blastocyste. Elles ont la capacité de se différencier en n'importe quel type de cellule spécialisée dans le corps, offrant ainsi un potentiel thérapeutique considérable pour le traitement de maladies dégénératives et de lésions tissulaires.

D'autre part, les cellules souches adultes se trouvent dans divers tissus et organes du corps après la naissance. Elles jouent un rôle crucial dans la régénération et la réparation tissulaire, mais leur potentiel de différenciation est généralement plus limité par rapport aux cellules souches embryonnaires. Les cellules souches adultes sont souvent classées en deux catégories : les cellules souches multipotentes, capables de se différencier en plusieurs types cellulaires, et les cellules souches unipotentes, qui ont un potentiel de différenciation plus restreint, se spécialisant généralement en un seul type cellulaire.

Enfin, une catégorie émergente de cellules souches est représentée par les cellules souches induites (iPS), qui sont générées en reprogrammant génétiquement des cellules somatiques adultes pour acquérir des propriétés similaires à celles des cellules souches embryonnaires. Les cellules iPS offrent un potentiel considérable dans la recherche et la médecine régénérative en évitant les controverses éthiques associées aux cellules souches embryonnaires tout en offrant une source de cellules souches pluripotentes pour des applications thérapeutiques.

Capacité de Régénération des Cellules Souches

La capacité de régénération des cellules souches constitue l'un des aspects les plus fascinants de ces cellules aux propriétés exceptionnelles. Les cellules souches ont la capacité unique de se diviser de manière asymétrique, produisant à la fois une cellule souche identique et une cellule différenciée qui peut se spécialiser dans un type cellulaire spécifique. Cela permet à la population de cellules souches de se renouveler continuellement, maintenant un pool de cellules non spécialisées tout en fournissant des cellules filles destinées à participer à la construction, la réparation et la régénération des tissus et des organes du corps.

La régénération tissulaire par les cellules souches est particulièrement prononcée dans les tissus à renouvellement rapide, tels que la peau, la muqueuse intestinale et la moelle osseuse. Dans ces régions, les cellules souches contribuent de manière significative à la cicatrisation des plaies et à la restauration des cellules perdues. Cependant, la capacité de régénération varie selon les types de cellules souches et les tissus spécifiques. Certaines cellules souches ont une capacité de différenciation plus étendue que d'autres, ce qui influe sur leur capacité à contribuer à la régénération de différents types de tissus.

Stimulation des Cellules Souches

Les scientifiques explorent diverses approches visant à maximiser le potentiel régénératif des cellules souches pour la réparation et la régénération des tissus endommagés.

L'un des mécanismes les plus étudiés pour stimuler les cellules souches dans le cadre de la recherche en médecine régénérative est l'utilisation de facteurs de croissance.

Ces protéines sont des signaux cellulaires qui influencent la prolifération, la différenciation et la survie des cellules souches. Par exemple, le facteur de croissance épidermique (EGF) a été utilisé pour stimuler la croissance des cellules souches épidermiques impliquées dans la régénération de la peau. Le facteur de croissance des fibroblastes (FGF) joue un rôle crucial dans la régénération des vaisseaux sanguins et la cicatrisation des plaies.

Une autre approche courante est la modulation des voies de signalisation cellulaires. Les cellules souches répondent à des signaux spécifiques transmis par des voies de signalisation complexes. En activant ou inhibant certaines de ces voies, les chercheurs peuvent contrôler le destin des cellules souches. Par exemple, l'activation de la voie de signalisation Wnt a été associée à la prolifération et à l'auto-renouvellement des cellules souches dans divers tissus.

La thérapie génique offre également des exemples concrets de stimulation des cellules souches. En introduisant des gènes spécifiques dans les cellules, les chercheurs peuvent moduler l'expression génique pour favoriser la régénération. Des études ont exploré l'utilisation de gènes comme Oct4, Sox2, et Klf4 pour reprogrammer des cellules somatiques en cellules souches induites (iPS).

Enfin, la stimulation électrique est un exemple émergent de mécanisme biologique pour influencer les cellules souches. Des recherches ont montré que l'application de champs électriques peut moduler la migration, la prolifération et la différenciation des cellules souches, ouvrant ainsi de nouvelles possibilités pour guider la régénération tissulaire.

Applications Médicales

Les applications médicales actuelles sont diverses et en constante expansion, couvrant un large éventail de domaines médicaux. Voici quelques-unes de ces applications :

- *Traitement des Maladies du Sang :* Les cellules souches hématopoïétiques, présentes dans la moelle osseuse et le sang du cordon ombilical, sont couramment utilisées dans le traitement des maladies du sang telles que la leucémie et l'anémie. Les transplantations de moelle osseuse ou de cellules souches du sang du cordon peuvent aider à régénérer le système sanguin chez les patients atteints de ces affections.

- *Réparation des Tissus Osseux et Cartilagineux :* Les cellules souches mésenchymateuses peuvent être utilisées pour stimuler la régénération des tissus osseux et cartilagineux. Cela est particulièrement utile dans le traitement des fractures, des lésions articulaires et des maladies dégénératives telles que l'arthrose.

- *Régénération de la Peau :* Les cellules souches cutanées sont exploitées pour la régénération de la peau, que ce soit pour traiter des brûlures graves, des ulcères cutanés ou des interventions esthétiques. Ces cellules contribuent à la formation de nouvelles cellules cutanées et favorisent la cicatrisation.

- *Rétablissement des Fonctions Cardiaques :* Des essais cliniques utilisent les cellules souches pour régénérer les tissus cardiaques endommagés après une crise cardiaque. Les cellules souches peuvent être injectées directement dans le cœur pour stimuler la régénération des cellules cardiaques et améliorer la fonction cardiaque.

- *Traitements Neurologiques :* Les cellules souches neurales sont explorées pour le traitement de maladies neurologiques, notamment la maladie de Parkinson, la sclérose en plaques et les lésions de la moelle épinière. L'objectif est de régénérer les cellules nerveuses et de restaurer les fonctions altérées.

- *Traitement des Maladies de la Rétine :* Les cellules souches rétiniennes sont étudiées pour traiter des maladies de la rétine, comme la dégénérescence maculaire liée à l'âge (DMLA) et la rétinite pigmentaire, en remplaçant les cellules dégénérées.

Bio-ingénierie Tissulaire

La bio-ingénierie tissulaire et les cellules souches sont étroitement liées dans le domaine de la médecine régénérative, travaillant de concert pour développer des solutions novatrices pour la régénération des tissus et des organes. Les cellules souches jouent un rôle central dans ces approches, apportant leur potentiel unique de différenciation et de prolifération.

En particulier, les cellules souches pluripotentes peuvent être dirigées vers des lignées cellulaires spécifiques, telles que des cellules musculaires, des cellules osseuses ou des cellules cardiaques. Ces cellules souches différenciées sont alors souvent utilisées comme composants fondamentaux dans la bio-ingénierie tissulaire, où elles sont intégrées dans des échafaudages ou des matrices biomatérielles.

Dans le processus de bio-ingénierie tissulaire, les cellules souches sont cultivées dans un environnement propice qui favorise leur adhérence, leur prolifération et leur différenciation. Les biomatériaux utilisés, tels que des hydrogels ou des échafaudages, fournissent un support structurel pour guider la croissance cellulaire tridimensionnelle. Cette combinaison de cellules souches et de biomatériaux vise à imiter les conditions naturelles nécessaires à la formation et à la fonction des tissus.

L'avantage des cellules souches dans la bio-ingénierie tissulaire réside dans leur capacité à se transformer en divers types cellulaires, permettant ainsi la création de tissus complexes. Par exemple, dans la régénération osseuse, les cellules souches peuvent être différenciées en cellules osseuses et intégrées dans des matrices pour former un substitut osseux. De même, dans la régénération musculaire, les cellules souches peuvent être utilisées pour générer des cellules musculaires et reconstruire des tissus musculaires fonctionnels.

Cependant, des défis subsistent, notamment en ce qui concerne la vascularisation des tissus bio-ingénérés et la nécessité de créer des environnements cellulaires complexes pour imiter au mieux les tissus naturels. Néanmoins, cette approche offre des opportunités importantes pour le développement de thérapies régénératives personnalisées, ouvrant la voie à des avancées significatives dans la médecine régénérative.

Cellules Souches et Longévité

Les applications médicales des cellules souches dans la lutte contre le vieillissement offrent un terrain fertile pour la recherche en médecine régénérative. L'une des approches prometteuses est l'utilisation des cellules souches pour régénérer les tissus vieillissants. Par exemple, les cellules souches peuvent être employées pour stimuler la régénération des cellules cutanées, réduisant ainsi l'apparence des rides et des signes de vieillissement cutané. Cette méthode pourrait avoir des implications importantes dans le domaine de la dermatologie esthétique, offrant des solutions non seulement pour atténuer les marques du temps, mais aussi pour restaurer la santé et la fonctionnalité de la peau.

Une autre perspective concerne l'utilisation des cellules souches pour régénérer les tissus dégénérés dans des maladies neurodégénératives comme la maladie d'Alzheimer et la maladie de Parkinson. En favorisant la croissance de nouvelles cellules nerveuses, les cellules souches pourraient potentiellement ralentir la progression de ces affections et améliorer la fonction cognitive chez les patients.

De plus, la thérapie génique basée sur les cellules souches offre une avenue novatrice dans la lutte contre le vieillissement. En modifiant génétiquement des cellules souches, les chercheurs explorent la possibilité d'induire la production de facteurs anti-vieillissement ou de réguler les mécanismes cellulaires liés à la longévité. Cette approche pourrait non seulement aider à ralentir le processus de vieillissement, mais aussi à prévenir ou traiter les maladies liées à l'âge, offrant ainsi une perspective révolutionnaire pour améliorer la qualité de vie des personnes âgées.

Défis Scientifiques et Considérations Éthiques

L'utilisation de cellules souches dans la recherche et la médecine régénérative est confrontée à des défis scientifiques et à des considérations éthiques importantes. Sur le plan scientifique, l'une des difficultés réside dans la compréhension complexe des mécanismes de différenciation et de régulation des cellules souches. Bien que ces cellules présentent un potentiel extraordinaire pour la régénération tissulaire, leur utilisation clinique nécessite une maîtrise approfondie des signaux moléculaires, des interactions cellulaires et des environnements spécifiques favorables à leur prolifération et différenciation.

Du point de vue éthique, l'utilisation de cellules souches, en particulier celles dérivées d'embryons humains, suscite des préoccupations éthiques et morales importantes. La collecte de cellules souches embryonnaires soulève des questions sur le statut moral de l'embryon, avec des opinions divergentes sur le moment précis où commence la vie humaine. Ces débats ont conduit à des cadres réglementaires complexes et à des restrictions légales dans de nombreux pays.

De plus, la sécurité à long terme demeure une préoccupation cruciale. Des questions telles que la possibilité de formation de tumeurs, la stabilité génétique des cellules modifiées génétiquement et les réponses immunitaires indésirables nécessitent des études approfondies.

Conclusion

En conclusion, les techniques de rajeunissement cellulaire offrent des perspectives prometteuses pour inverser ou atténuer les effets du vieillissement sur les cellules et les tissus du corps humain. Des approches variées, telles que la stimulation des cellules souches, la thérapie génique, et d'autres interventions moléculaires, offrent des moyens novateurs d'améliorer la santé et la qualité de vie au fil du temps.

Cependant, il est important de noter que malgré les avancées significatives, des défis scientifiques et éthiques persistent. La compréhension complexe des mécanismes cellulaires et des interactions moléculaires demeure un obstacle à la mise en œuvre généralisée de ces techniques. De plus, les considérations éthiques entourant l'utilisation de certaines méthodes, notamment celles impliquant des modifications génétiques, soulèvent des questions cruciales concernant la sécurité, l'équité d'accès et le respect des droits individuels.

Le rajeunissement cellulaire représente donc un domaine en évolution constante, où la collaboration entre chercheurs, cliniciens, éthiciens et législateurs est essentielle.

7

Les Biomarqueurs du Vieillissement

Introduction

Les Biomarqueurs : Des Indices Mesurables de l'État Biologique

Les biomarqueurs, également connus sous le nom de marqueurs biologiques, sont des mesures objectives et évaluatives d'une caractéristique biologique, physiologique, ou pathologique particulière qui peuvent être utilisés pour indiquer des processus normaux ou anormaux, des réponses à un traitement, ou des prédispositions génétiques.

Ces marqueurs peuvent être détectés et mesurés dans des échantillons biologiques tels que le sang, l'urine, la salive, ou les tissus, et ils fournissent des informations précises sur l'état d'un organisme, d'un organe ou d'une maladie.

Ils sont largement utilisés dans la recherche médicale, le diagnostic, le suivi de l'évolution des maladies, l'évaluation de l'efficacité des traitements, et la prédiction de réponses individuelles aux thérapies. Ils peuvent également jouer un rôle crucial dans le développement de médicaments, en aidant à identifier les patients potentiels pour des essais cliniques ou en évaluant les effets d'un médicament sur des cibles biologiques spécifiques.

Les types de biomarqueurs sont variés et comprennent des éléments tels que des protéines, des acides nucléiques (ADN, ARN), des métabolites, des hormones, des cellules, des antigènes, et d'autres molécules ou structures biologiques. La découverte et la validation de nouveaux biomarqueurs sont des domaines de recherche en constante évolution, visant à améliorer la compréhension des processus biologiques, à permettre un diagnostic plus précoce des maladies, et à personnaliser les approches thérapeutiques en fonction des caractéristiques individuelles.

Biomarqueurs et Vieillissement : Une Relation Intime

Dans le contexte du vieillissement, les biomarqueurs revêtent une importance particulière en raison de leur capacité à refléter les altérations moléculaires, cellulaires, et systémiques associées à l'âge. En identifiant et en quantifiant ces changements, les chercheurs peuvent élucider les mécanismes du vieillissement, permettant ainsi de développer des stratégies pour promouvoir un vieillissement en meilleure santé.

Mesurer l'Immesurable

Le vieillissement est un processus multifactoriel complexe, caractérisé par une variabilité considérable entre les individus. Mesurer de manière précise et objective les manifestations du vieillissement est un défi, mais c'est là que les biomarqueurs jouent un rôle essentiel. Ils offrent une méthode tangible pour quantifier les changements biologiques, fournissant ainsi une base objective pour évaluer et comparer les profils de vieillissement.

Éclairer les Mécanismes du Vieillissement

Les biomarqueurs permettent aussi d'explorer les mécanismes moléculaires sous-jacents du vieillissement. Par exemple, la mesure des télomères, structures situées à l'extrémité des chromosomes, fournit des indications sur la stabilité génomique et la réplication cellulaire. De même, l'analyse des modifications épigénétiques révèle des altérations dans la régulation génique, offrant ainsi un aperçu de la façon dont le vieillissement influence l'expression des gènes.

Prédire le Vieillissement et Évaluer la Longévité

Les biomarqueurs ouvrent la voie à la possibilité de prédire le vieillissement et d'évaluer la longévité. Des études ont montré que certains biomarqueurs sont corrélés avec la durée de vie, permettant ainsi d'identifier des individus potentiellement plus sujets à un vieillissement réussi ou à un risque accru de maladies liées à l'âge.

L'étude des biomarqueurs dans la recherche sur le vieillissement

L'étude des biomarqueurs dans la recherche sur le vieillissement est extrêmement utile pour plusieurs raisons. Les biomarqueurs fournissent des indices objectifs et mesurables des processus biologiques associés au vieillissement, permettant ainsi aux chercheurs de mieux comprendre les mécanismes sous-jacents, de diagnostiquer les changements liés à l'âge et d'évaluer l'efficacité des interventions.

Voici quelques-unes des raisons pour lesquelles l'étude des biomarqueurs est essentielle dans la recherche sur le vieillissement :

- Compréhension des Mécanismes du Vieillissement

  Les biomarqueurs permettent d'identifier et de quantifier les changements moléculaires, cellulaires et physiologiques associés au vieillissement. Cela aide les chercheurs à comprendre les mécanismes fondamentaux du vieillissement et à cibler des domaines spécifiques pour des interventions potentielles.

- Diagnostic Précoce des Troubles Liés à l'Âge

L'identification de biomarqueurs spécifiques peut faciliter le diagnostic précoce des troubles liés à l'âge, tels que la maladie d'Alzheimer, les maladies cardiovasculaires, ou le diabète de type 2. Cela offre la possibilité d'une intervention précoce et de la mise en place de stratégies de gestion.

- Évaluation de l'Effet des Interventions Anti-Âge

Les biomarqueurs sont essentiels pour évaluer l'efficacité des interventions anti-âge, qu'elles soient basées sur le mode de vie, la pharmacothérapie ou d'autres approches. Ils permettent de mesurer objectivement les effets sur les processus biologiques liés au vieillissement.

- Stratification des Populations

Les biomarqueurs peuvent être utilisés pour stratifier les populations en fonction de leur risque de développer des maladies liées à l'âge. Cela permet une approche plus personnalisée pour la prévention et le traitement, en tenant compte des variations individuelles.

- Surveillance de l'Évolution du Vieillissement

Les biomarqueurs offrent la possibilité de surveiller l'évolution du vieillissement au fil du temps. Cela permet de détecter les changements précoces, de suivre la progression des processus liés à l'âge et d'ajuster les interventions en conséquence.

- Identification de Cibles Thérapeutiques

En comprenant les biomarqueurs associés au vieillissement, les chercheurs peuvent identifier des cibles thérapeutiques potentielles. Cela ouvre la voie au développement de médicaments et d'interventions visant spécifiquement les processus biologiques perturbés.

- Évaluation de la Qualité de Vie

Les biomarqueurs peuvent être utilisés pour évaluer la qualité de vie liée à l'âge, en mesurant des aspects tels que la fonction cognitive, la fonction cardiovasculaire, la capacité musculaire, etc.

Génomique : Fenêtre sur le Vieillissement Cellulaire

Définition de la Génomique et son Implication dans le Vieillissement

La génomique a révolutionné notre compréhension des processus biologiques fondamentaux, offrant des perspectives inédites sur la manière dont nos gènes influencent le vieillissement cellulaire. Cette branche de la biologie qui étudie la structure, la fonction, l'évolution et la cartographie des génomes, est devenue une clé pour décrypter les mécanismes du vieillissement cellulaire. Le génome, l'ensemble complet de l'information génétique d'un organisme, est le script fondamental qui guide le développement, la croissance, et éventuellement le déclin de chaque cellule.

Marqueurs Génomiques du Vieillissement

Dommages à l'ADN

Les dommages à l'ADN sont parmi les biomarqueurs génomiques les plus étroitement liés au vieillissement cellulaire. Au fil du temps, l'ADN subit des altérations, telles que des cassures, des mutations, et des modifications épigénétiques, résultant d'expositions aux radiations, aux produits chimiques, et aux processus cellulaires normaux. Ces dommages contribuent à l'accumulation de mutations, conduisant à une perte de stabilité génomique.

Télomères

Les télomères, les extrémités des chromosomes, sont également des indicateurs cruciaux du vieillissement. À chaque division cellulaire, les télomères raccourcissent. Lorsqu'ils atteignent une longueur critique, la cellule entre en sénescence ou subit l'apoptose. Le raccourcissement des télomères est ainsi associé au vieillissement cellulaire et à la limite de la capacité régénératrice des cellules.

Mutations Génétiques

Les mutations génétiques, résultant d'erreurs dans la réplication de l'ADN ou de l'exposition à des agents mutagènes, s'accumulent avec l'âge. Ces mutations peuvent affecter le fonctionnement normal des gènes, contribuant ainsi aux processus délétères associés au vieillissement, tels que la diminution de la fonction immunitaire et le développement de maladies liées à l'âge.

Instabilité Chromosomique

L'instabilité chromosomique, caractérisée par des aberrations chromosomiques telles que des duplications, des délétions, ou des translocations, est un marqueur génomique majeur du vieillissement cellulaire. Ces altérations peuvent perturber l'équilibre génomique et conduire à des dysfonctionnements cellulaires.

Techniques d'Analyses Génomiques

Séquençage Nouvelle Génération (NGS)

Le NGS a révolutionné la génomique en permettant un séquençage rapide et à grande échelle du génome. Cette technologie a permis de cartographier des génomes entiers, d'identifier des variations génétiques et d'explorer la diversité génomique associée au vieillissement.

Cartographie 3D du Génome

La cartographie 3D du génome, réalisée par des techniques comme la capture de conformation chromosomique (3C) et la

Hi-C, permet de comprendre la manière dont les gènes sont organisés dans l'espace tridimensionnel du noyau cellulaire. Ces analyses révèlent des insights sur la régulation génique et son impact sur le vieillissement.

Applications Potentielles dans le Domaine Médical

Prédiction des Risques de Maladies Liées à l'Âge

Les marqueurs génomiques offrent la possibilité de prédire les risques individuels de développer des maladies liées à l'âge. Des profils génétiques spécifiques peuvent signaler la prédisposition à certaines conditions, permettant une intervention précoce et une gestion personnalisée des risques.

Thérapies Géniques et Personnalisation des Traitements

La compréhension des marqueurs génomiques ouvre aussi la voie à des thérapies géniques personnalisées. Des interventions visant à corriger des mutations spécifiques ou à restaurer la stabilité génomique pourraient devenir des approches révolutionnaires pour traiter et prévenir les maladies liées à l'âge.

Développement de Nouvelles Molécules Anti-Âge

Par ailleurs, la découverte de marqueurs génomiques spécifiques au vieillissement offre des cibles pour le développement de nouvelles molécules anti-âge. Les médicaments visant à prévenir ou inverser les altérations génomiques liées au vieillissement pourraient changer la donne dans la recherche sur la longévité.

Défis et Perspectives Futures

Complexité du Génome Humain

La complexité du génome humain représente un défi majeur. Comprendre les interactions complexes entre les gènes, les régions régulatrices, et les modifications épigénétiques nécessite des approches intégrées et des technologies de pointe.

Variabilité Génétique et Réponses Individuelles

La variabilité génétique entre les individus et les réponses individuelles aux interventions thérapeutiques constituent des défis importants. Les approches personnalisées devront tenir compte de cette variabilité pour garantir des résultats optimaux.

Éthique et Confidentialité

Les implications éthiques et les préoccupations liées à la confidentialité des données génomiques doivent être traitées avec précaution. Des normes strictes de protection des données doivent être mises en place pour prévenir les abus et assurer la confiance du public.

Métabolomique : La Clé dans la Biochimie du Vieillissement

Définition de la Métabolomique et Biomarqueurs Métaboliques liés au Vieillissement

Métabolomique : Définition et Portée

La métabolomique est l'étude globale des métabolites, les petites molécules organiques impliquées dans les processus métaboliques cellulaires. Elle offre un instantané du statut métabolique d'un organisme à un moment donné. Dans le contexte du vieillissement, la métabolomique devient une fenêtre cruciale pour observer les changements dans le profil métabolique au fil du temps.

Altérations dans le Métabolisme des Lipides

Le vieillissement est souvent associé à des altérations dans le métabolisme des lipides. Des études métabolomiques ont identifié des changements dans les profils de lipides sanguins, y compris des augmentations de certains acides gras et des altérations dans les lipoprotéines, ce qui peut contribuer au développement de maladies cardiovasculaires associées au vieillissement.

Métabolisme des Glucides et Résistance à l'Insuline

Des perturbations dans le métabolisme des glucides, y compris la résistance à l'insuline, sont des caractéristiques courantes du vieillissement. La métabolomique a révélé des altérations dans les métabolites liés à la glycolyse et à la gluconéogenèse, suggérant des changements importants dans le métabolisme énergétique avec l'âge.

Métabolisme des Protéines et Altérations dans les Acides Aminés

Le métabolisme des protéines subit également des modifications au cours du vieillissement. Des études ont identifié des altérations dans les profils d'acides aminés, indiquant des changements dans la synthèse des protéines et la dégradation, ce qui peut avoir des implications sur la fonction musculaire et la santé métabolique.

Métabolites Associés au Stress Oxydatif

Le stress oxydatif, résultant d'un déséquilibre entre la production de radicaux libres et la capacité des cellules à les neutraliser, est associé au vieillissement. La métabolomique a identifié des métabolites liés au stress oxydatif, offrant ainsi un aperçu des changements dans les voies métaboliques réactives à l'oxygène.

Biomarqueurs métabolomiques couramment étudiés dans le contexte du vieillissement

Voici quelques exemples de biomarqueurs métabolomiques couramment étudiés dans le contexte du vieillissement :

Métabolites Lipidiques

Acides gras libres (AGL) : Les niveaux d'acides gras libres dans le sang peuvent varier avec l'âge et sont liés à des processus tels que l'accumulation de graisse corporelle et les changements dans la composition des membranes cellulaires.

Céramides : Les céramides, des lipides structurels, ont été associés au vieillissement cutané et à des problèmes métaboliques tels que l'insulino-résistance.

Métabolites du Glucose et des Glucides

Glucose : Les changements dans les niveaux de glucose sanguin sont souvent associés au vieillissement et peuvent être liés au développement de maladies comme le diabète de type 2.

Lactate : Le lactate, produit dans le métabolisme du glucose, peut varier avec l'âge et est lié à la capacité des cellules à produire de l'énergie.

Métabolites des Acides Aminés

Méthionine : Les niveaux de méthionine, un acide aminé, ont été associés au vieillissement et à la longévité, avec des études suggérant des effets sur la santé métabolique.

Leucine : Les acides aminés à chaîne ramifiée, tels que la leucine, sont impliqués dans la régulation de la croissance cellulaire et peuvent être liés à des processus de vieillissement.

Métabolites des Acides Organiques

Citrate : Les changements dans les niveaux de citrate ont été observés dans le vieillissement et peuvent être associés à des altérations dans le métabolisme énergétique.

Acide lactique : L'accumulation d'acide lactique peut être liée à des modifications dans la production d'énergie, en particulier dans des tissus tels que les muscles.

Métabolites Antioxydants

Glutathion : Le glutathion, un puissant antioxydant, peut subir des changements liés à l'âge et est important dans la protection contre le stress oxydatif.

Métabolites Inflammatoires

Prostaglandines : Les prostaglandines, dérivées d'acides gras, peuvent jouer un rôle dans l'inflammation liée à l'âge.

Cytokines : Certains métabolites, tels que les cytokines, peuvent être associés à des processus inflammatoires qui augmentent avec l'âge.

Métabolites du Microbiote Intestinal

Métabolites dérivés des bactéries : Certains métabolites produits par le microbiote intestinal, tels que les composés phénoliques, peuvent être influencés par des changements dans la composition du microbiote liés à l'âge.

L'identification et la compréhension de ces biomarqueurs métabolomiques sont cruciales pour mieux comprendre les processus de vieillissement, évaluer la santé métabolique des individus et développer des interventions ciblées pour promouvoir un vieillissement en meilleure santé. Ces biomarqueurs peuvent également être utilisés pour évaluer l'efficacité d'interventions anti-âge et de stratégies de prévention des maladies liées à l'âge.

Potentiel en tant que Marqueurs Prédictifs et Modifiables

Potentiel Prédictif des Biomarqueurs Métaboliques

Les biomarqueurs métaboliques offrent un potentiel prédictif précieux pour évaluer la trajectoire du vieillissement. Les profils métaboliques peuvent être utilisés pour estimer l'âge biologique, souvent divergent de l'âge chronologique, et prédire les risques de maladies liées à l'âge, offrant ainsi une opportunité d'intervenir précocement.

Identification de Cibles pour les Interventions Anti-Âge

En identifiant les métabolites associés au vieillissement, la métabolomique ouvre la voie à l'identification de cibles potentielles pour les interventions anti-âge. En modulant spécifiquement les voies métaboliques altérées avec l'âge, il pourrait être possible de ralentir ou d'inverser certains aspects du vieillissement.

Stratégies Modifiables pour un Vieillissement en Meilleure Santé

Les biomarqueurs métaboliques offrent des cibles modifiables. Des interventions telles que l'alimentation, l'exercice physique, ou des traitements pharmacologiques peuvent influencer le profil métabolique. Cette approche modulable ouvre la porte à des stratégies personnalisées pour promouvoir un vieillissement en meilleure santé.

Surveillance des Effets des Interventions Anti-Âge

Les biomarqueurs métaboliques servent également à surveiller les effets des interventions anti-âge. En mesurant les changements dans les profils métaboliques avant et après une intervention, les chercheurs peuvent évaluer l'efficacité et ajuster les stratégies au besoin.

Implications pour la Prévention et le Traitement des Maladies Liées à l'Âge

Comprendre les biomarqueurs métaboliques du vieillissement a des implications directes pour la prévention et le traitement des maladies liées à l'âge. En ciblant spécifiquement les altérations métaboliques, il pourrait être possible de retarder l'apparition de maladies telles que le diabète, les maladies cardiovasculaires, ou la démence.

Techniques d'Analyses Métabolomique

Spectrométrie de Masse (SM)

La spectrométrie de masse est l'une des techniques les plus couramment utilisées en métabolomique. Elle permet d'identifier et de quantifier les métabolites en mesurant la masse et la charge des ions générés par ces molécules. Des techniques telles que la spectrométrie de masse à ionisation par électrospray (ESI) ou à ionisation par impact électronique (EI) sont utilisées en conjonction avec la chromatographie en phase liquide (LC-MS) ou la chromatographie en phase gazeuse (GC-MS) pour améliorer la séparation et la détection des métabolites.

Résonance Magnétique Nucléaire (RMN)

La résonance magnétique nucléaire est une technique non destructive qui utilise le comportement des noyaux atomiques dans un champ magnétique. En métabolomique, la RMN est utilisée pour analyser la structure des métabolites en mesurant les signaux émis par les noyaux d'hydrogène, de carbone et d'autres éléments. La RMN offre l'avantage de ne pas nécessiter de prétraitement chimique des échantillons et peut être appliquée à des échantillons biologiques complexes.

Chromatographie en Phase Liquide (HPLC)

La chromatographie en phase liquide est une technique de séparation utilisée pour séparer les métabolites en fonction de leurs propriétés physico-chimiques, telles que leur polarité. En métabolomique, la HPLC est souvent couplée à la spectrométrie de masse pour permettre l'identification des métabolites. Cette technique permet une séparation efficace des métabolites présents dans un échantillon complexe.

Spectroscopie d'Absorption Atomique (AA)

La spectroscopie d'absorption atomique est utilisée pour quantifier certains métaux et éléments présents dans les métabolites. Cette technique mesure l'absorption de la lumière par les atomes des métaux, ce qui permet de déterminer leur concentration. Elle peut être particulièrement utile pour étudier les métabolites contenant des éléments tels que le fer, le zinc ou le cuivre.

Chromatographie par Échange d'Ions (IEC)

La chromatographie par échange d'ions est une technique de séparation basée sur les charges des molécules. Elle est utilisée pour séparer les métabolites en fonction de leur charge ionique. Cette méthode peut être précieuse pour analyser des métabolites tels que les acides aminés ou les acides organiques.

Spectroscopie par Résonance Magnétique Nucléaire (NMR)

La spectroscopie par résonance magnétique nucléaire est une variante de la RMN qui se concentre spécifiquement sur les noyaux d'hydrogène. Elle peut être utilisée pour obtenir des informations détaillées sur la structure des métabolites, en particulier dans des échantillons biologiques complexes.

L'Horloge Épigénétique : Un Indicateur du Temps Biologique

Fondements et Mécanismes

L'épigénétique, étudiant les modifications réversibles qui influent sur l'expression des gènes sans altérer la séquence ADN, offre une perspective riche pour comprendre le vieillissement. Ces modifications, comprenant la méthylation de l'ADN, les modifications des histones, et les microARN, régulent l'activité génique et sont sensibles aux influences environnementales et aux expériences de vie.

Parmi les mécanismes épigénétiques, la méthylation de l'ADN est devenue l'un des biomarqueurs les plus étudiés du vieillissement. Cette modification implique l'ajout de groupes méthyle à l'ADN, modifiant ainsi la structure chromatinienne et influençant la régulation génique. Des sites spécifiques de méthylation de l'ADN ont été identifiés comme formant l'horloge épigénétique.

L'émergence des horloges épigénétiques a transformé notre compréhension du vieillissement. Des recherches pionnières ont identifié des motifs spécifiques de méthylation de l'ADN liés à l'âge, permettant ainsi la création d'horloges épigénétiques capables d'estimer avec précision l'âge biologique d'un individu.

Analyse de l'Horloge Épigénétique

L'âge épigénétique, souvent mesuré par des horloges épigénétiques spécifiques, diffère de l'âge chronologique conventionnel. Il reflète l'impact cumulatif des influences génétiques et environnementales sur l'épigénome, fournissant ainsi une estimation plus précise du temps biologique écoulé.

Plusieurs horloges épigénétiques ont été développées, chacune ciblant des marqueurs spécifiques de méthylation de l'ADN. L'Horloge Méthylation de l'ADN (DNAm), l'Horloge Horvath, et l'Horloge Épigénétique du Sang sont parmi les plus connues, utilisant des algorithmes sophistiqués pour prédire l'âge biologique.

Des études ont démontré la précision et la fiabilité des horloges épigénétiques dans l'estimation de l'âge biologique. Ces horloges peuvent prédire l'âge avec une marge d'erreur relativement faible, offrant ainsi une mesure robuste du temps biologique.

Cependant, malgré leur précision, les horloges épigénétiques peuvent présenter une certaine variabilité individuelle. Des facteurs tels que l'exposition environnementale, le mode de vie, et la génétique individuelle peuvent influencer la méthylation de l'ADN, soulignant la complexité de l'interaction entre l'épigénome et le vieillissement.

De plus, l'épigénome, bien qu'influencé par des facteurs externes, conserve une certaine plasticité. Cette plasticité offre un potentiel de modification de l'horloge épigénétique, ouvrant la possibilité d'interventions visant à ralentir ou inverser les changements associés au vieillissement.

Utilisation des Horloges Épigénétiques

L'une des implications les plus immédiates de l'utilisation des horloges épigénétiques est la capacité d'estimer précisément l'âge biologique. Cette mesure peut fournir des informations précieuses sur la trajectoire du vieillissement individuel et la susceptibilité aux maladies liées à l'âge.

Les horloges épigénétiques ont aussi démontré leur utilité dans la prédiction des risques de maladies liées à l'âge. Des profils spécifiques de méthylation de l'ADN sont associés à des conditions telles que les maladies cardiovasculaires, le cancer, et la démence, fournissant ainsi des indices prédictifs précoces.

L'utilisation des horloges épigénétiques peut également servir à évaluer l'efficacité des interventions anti-âge. En mesurant les changements dans la méthylation de l'ADN avant et après des interventions spécifiques, les chercheurs peuvent évaluer l'impact de ces interventions sur le vieillissement biologique.

Techniques d'analyse

Bisulfite Sequencing (BS-Seq)

Le séquençage bisulfite est une technique qui permet de détecter les sites méthylés de l'ADN. L'ADN est traité au bisulfite, qui convertit les cytosines non méthylées en uraciles, tandis que les cytosines méthylées restent inchangées. Après cette conversion, le séquençage de l'ADN permet de déterminer les positions spécifiques de méthylation.

Chromatin Immunoprecipitation (ChIP)

La ChIP permet d'étudier la liaison des protéines aux régions spécifiques de l'ADN. Elle est souvent utilisée pour étudier les modifications des histones et la liaison des facteurs de transcription à l'ADN. Les cellules sont traitées avec des anticorps spécifiques contre la protéine d'intérêt, puis l'ADN associé à cette protéine est extrait et analysé.

ChIP-Sequencing (ChIP-Seq)

Le ChIP-Seq combine la ChIP avec le séquençage à haut débit pour cartographier de manière globale la liaison des protéines à l'ADN. Il permet d'identifier les régions du génome associées à des modifications épigénétiques spécifiques ou à des protéines régulatrices de l'expression génique.

Méthodes d'Analyse des Histones

Des techniques telles que la Western blot ou la spectrométrie de masse peuvent être utilisées pour étudier les modifications spécifiques des histones. Ces méthodes permettent de quantifier les niveaux de modifications post-traductionnelles telles que l'acétylation, la méthylation, et la phosphorylation des histones.

Méthylation-Séquençage à Haut Débit (Methyl-Seq)

Le méthyl-séquençage est une méthode qui combine la bisulfite conversion avec le séquençage à haut débit pour profiler de manière globale la méthylation de l'ADN. Il permet d'obtenir des informations détaillées sur les sites spécifiques de méthylation dans le génome.

Analyse d'ARN Non Codants

L'expression d'ARN non codants, tels que les microARN (miARN) et les ARN longs non codants (lncARN), peut être analysée par des techniques de séquençage à haut débit spécifiques pour les ARN. Ces analyses permettent de comprendre comment ces ARN régulent l'expression génique à l'échelle épigénétique.

Méthodes d'Analyse de la Conformation de l'ADN

Des techniques telles que la capture de conformation chromosomique (3C) et la Hi-C permettent d'étudier la conformation tridimensionnelle de l'ADN, révélant comment les interactions spatiales entre les régions du génome peuvent influencer la régulation épigénétique.

L'Importance des Marqueurs Inflammatoires dans la Longévité

Rôle Crucial de l'Inflammation dans la Longévité

L'inflammation chronique, souvent appelée « *inflammaging* », est une caractéristique majeure du vieillissement. Les niveaux élevés et persistants d'inflammation peuvent contribuer à la détérioration des fonctions cellulaires, à la perte de tissu musculaire, et à l'augmentation du risque de maladies liées à l'âge.

L'inflammation affecte divers systèmes biologiques, y compris le système immunitaire, le système cardiovasculaire, et le système nerveux. Son impact sur ces systèmes contribue à la fragilité, à la résilience réduite, et à une susceptibilité accrue aux maladies. Les maladies liées à l'âge, telles que les maladies cardiovasculaires, le diabète de type 2, et les troubles neurodégénératifs, sont souvent associées à une inflammation accrue. La gestion de l'inflammation devient ainsi un aspect crucial de la prévention et du traitement de ces affections.

La gestion de l'inflammation est devenue un élément clé dans la recherche sur la longévité. La réduction de l'inflammation chronique est non seulement associée à une augmentation potentielle de la durée de vie, mais également à une amélioration de la qualité de vie en réduisant la prévalence des maladies liées à l'âge. Les approches visant à moduler l'inflammation dans le vieillissement sont donc devenues un domaine actif de recherche. Des interventions telles que l'exercice régulier, les régimes anti-inflammatoires, et certaines thérapies pharmacologiques sont étudiées pour leur capacité à atténuer l'inflammation et promouvoir la longévité en bonne santé.

Biomarqueurs Inflammatoires Liés au Vieillissement

Protéine C-Réactive (CRP)

La CRP, une protéine produite par le foie en réponse à l'inflammation, est l'un des biomarqueurs inflammatoires les plus étudiés dans le contexte du vieillissement. Des niveaux élevés de CRP sont associés à des processus inflammatoires chroniques, souvent observés chez les personnes âgées.

Interleukine-6 (IL-6)

L'IL-6, une cytokine pro-inflammatoire, joue un rôle central dans la régulation de l'inflammation. Son augmentation avec l'âge est corrélée avec des processus inflammatoires persistants et est souvent liée à des conditions associées au vieillissement, telles que les maladies cardiovasculaires et la fragilité.

Facteur de Nécrose Tumorale Alpha (TNF-α)

Le TNF-α, une autre cytokine inflammatoire, participe activement aux réponses inflammatoires du corps. Des niveaux élevés de TNF-α sont fréquemment observés chez les personnes âgées et sont associés à diverses maladies liées à l'âge, y compris les maladies neurodégénératives.

Récepteur du Facteur de Croissance Transformant Beta (TGF-β)

Bien que le TGF-β soit impliqué dans la régulation de la croissance cellulaire et la suppression de l'inflammation, son rôle peut devenir dysrégulé avec l'âge, contribuant ainsi à une inflammation accrue. Il illustre la complexité des réponses inflammatoires dans le vieillissement.**Techniques d'analyse**

L'analyse des marqueurs inflammatoires dans le contexte de la longévité est cruciale pour comprendre comment l'inflammation chronique peut contribuer au vieillissement et aux maladies associées à l'âge. Voici quelques-unes des techniques couramment utilisées :

Dosage des Cytokines

Le dosage des cytokines pro-inflammatoires, telles que l'interleukine-6 (IL-6), le facteur de nécrose tumorale alpha (TNF-α) et l'interleukine-1 beta (IL-1β), peut être effectué par des techniques comme l'ELISA (enzyme-linked immunosorbent assay) ou des méthodes basées sur la technologie Luminex. Ces méthodes permettent de quantifier les niveaux de cytokines dans des échantillons biologiques tels que le sang ou le sérum.

Analyse de la Protéine C-Réactive (CRP)

La CRP est un marqueur d'inflammation systémique. Des techniques immuno-chimiques, y compris des tests ELISA spécifiques à la CRP, sont utilisées pour mesurer les niveaux de CRP dans le sang.

Séquençage à Haut Débit (RNA-Seq)

Le séquençage à haut débit de l'ARN (RNA-Seq) permet de mesurer de manière globale l'expression génique, y compris les gènes liés à l'inflammation. Il offre une vue d'ensemble des changements transcriptionnels associés à l'inflammation et à d'autres processus biologiques.

Profilage Immuno-Génomique (Immunogenomic Profiling)

Le profilage immuno-génomique utilise des techniques telles que le séquençage d'ARN et des analyses immuno-histochimiques pour examiner comment le système immunitaire réagit et interagit avec les gènes dans des conditions inflammatoires. Cela permet de comprendre les mécanismes moléculaires sous-jacents à l'inflammation dans le contexte de la longévité.

Méthodes de Cytométrie en Flux

La cytométrie en flux est une technique permettant d'analyser les caractéristiques physiques et chimiques des cellules individuelles. Elle peut être utilisée pour quantifier les sous-populations cellulaires immunitaires, évaluer l'expression de marqueurs inflammatoires à la surface des cellules, et mesurer la production de cytokines par les cellules.

Analyse de Marqueurs Génétiques Associés à l'Inflammation

Des études d'association génétique peuvent être utilisées pour identifier des variants génétiques associés à des niveaux élevés d'inflammation. Ces marqueurs génétiques peuvent être analysés par des techniques telles que la PCR en temps réel, le séquençage génomique et d'autres méthodes de génomique fonctionnelle.

Imagerie Moléculaire

L'imagerie moléculaire, telle que l'imagerie par résonance magnétique (IRM) moléculaire, peut être utilisée pour visualiser et quantifier l'inflammation dans des tissus spécifiques. Des agents de contraste ciblant des marqueurs inflammatoires peuvent être utilisés pour fournir des images précises des zones d'inflammation.

Utilisation des Biomarqueurs pour Évaluer et Influencer la Longévité

Utilisation des Biomarqueurs pour Prédire la Longévité

L'Âge Biologique vs Chronologique

Les biomarqueurs permettent souvent d'estimer l'âge biologique, une mesure plus précise que l'âge chronologique. Des horloges épigénétiques, des profils métaboliques, et des marqueurs spécifiques peuvent contribuer à une estimation plus fine de la durée de vie restante d'un individu.

Prédiction des Risques de Maladies Liées à l'Âge

L'évaluation des biomarqueurs offre des indices prédictifs sur les risques de maladies liées à l'âge. Des profils génétiques, des marqueurs inflammatoires, et des métabolites spécifiques peuvent signaler la prédisposition à des affections telles que les maladies cardiovasculaires, le diabète, et les troubles neurodégénératifs.

Surveillance de la Trajectoire du Vieillissement

Les biomarqueurs fournissent une méthode dynamique pour surveiller la trajectoire du vieillissement. Des mesures répétées au fil du temps permettent d'observer les changements dans les marqueurs et d'ajuster les interventions en conséquence.

Identification de Groupes à Risque

L'identification de biomarqueurs spécifiques peut aider à définir des groupes de population à risque élevé de vieillissement prématuré ou de maladies liées à l'âge. Cela ouvre la possibilité d'intervenir de manière ciblée pour améliorer la santé et la longévité de ces groupes.

Interventions Potentielles Basées sur les Biomarqueurs

Thérapies Géniques

Des interventions basées sur les biomarqueurs génomiques pourraient inclure des thérapies géniques visant à corriger des variations génétiques associées à des maladies liées à l'âge. L'édition génomique offre des outils prometteurs pour cibler spécifiquement ces biomarqueurs.

Modifications du Mode de Vie

Les biomarqueurs métaboliques et inflammatoires peuvent guider des modifications du mode de vie, y compris des changements alimentaires, l'adoption d'un régime d'exercice régulier, et la gestion du stress. Ces interventions ont le potentiel de moduler positivement la longévité.

Thérapies Anti-Âge

Les avancées dans la compréhension des biomarqueurs du vieillissement ont conduit au développement de thérapies anti-âge. Des molécules telles que les sénolytiques, qui ciblent les cellules sénescentes, sont étudiées pour leur capacité à ralentir le vieillissement.

Personnalisation des Traitements

L'utilisation des biomarqueurs permet une approche personnalisée dans le domaine de la médecine anti-âge. En comprenant les caractéristiques moléculaires et cellulaires spécifiques d'un individu, les interventions peuvent être adaptées pour maximiser leur efficacité.

Conclusion : Perspectives et Développements sur le Futur des Biomarqueurs de la Longévité

Développements Futurs Attendus

L'un des développements les plus prometteurs réside dans les avancées technologiques qui amélioreront l'analyse des biomarqueurs. Les technologies émergentes telles que le séquençage à haut débit, la spectroscopie de masse, et les techniques d'imagerie de pointe permettent une caractérisation plus précise et globale des biomarqueurs, ouvrant la voie à une compréhension plus approfondie de leur rôle dans le vieillissement. De plus, l'intégration de données omiques, comprenant la génomique, l'épigénomique, la métabolomique, et la protéomique, deviendra une norme. Les progrès dans les analyses intégratives, soutenus par l'intelligence artificielle, fourniront une vision holistique du vieillissement, permettant une compréhension plus complète des interactions complexes entre ces différents niveaux d'information biologique.

La recherche de nouveaux biomarqueurs continue. Des molécules spécifiques, des motifs génétiques, ou des signatures épigénétiques jusqu'alors inconnus pourraient se révéler cruciaux dans la prédiction de la longévité et des trajectoires de vieillissement individuelles. La découverte de ces biomarqueurs offrira de nouvelles perspectives sur les mécanismes du vieillissement. Il est évident que les futurs développements se dirigeront vers des approches multi-dimensionnelles de l'âge. Plutôt que de se concentrer sur un seul indicateur, les chercheurs chercheront à comprendre l'âge biologique à travers un spectre diversifié de biomarqueurs, reflétant la complexité inhérente au processus de vieillissement.

Opportunités pour l'Innovation et la Personnalisation des Approches Anti-Âge

Personnalisation des Interventions Anti-Âge

Les biomarqueurs de la longévité joueront un rôle central dans la personnalisation des interventions anti-âge. Comprendre les caractéristiques individuelles, tant génétiques qu'épigénétiques, permettra le développement d'approches sur mesure, adaptées aux besoins spécifiques de chaque personne. Des régimes alimentaires personnalisés, des thérapies géniques ciblées, et des interventions pharmacologiques spécifiques pourraient devenir monnaie courante.

Intégration des Données de Biomarqueurs dans les Soins de Santé

Les données de biomarqueurs seront de plus en plus intégrées dans les soins de santé quotidiens. Les consultations médicales pourraient inclure des évaluations régulières des biomarqueurs, permettant aux professionnels de la santé de suivre la santé et le vieillissement de manière proactive, et d'ajuster les plans de traitement en conséquence.

Développement de Thérapies Anti-Âge Plus Précises

Les avancées dans la compréhension des biomarqueurs permettront le développement de thérapies anti-âge plus précises. Des interventions ciblées sur des voies moléculaires spécifiques, identifiées par des biomarqueurs, pourraient offrir des résultats plus efficaces et durables, ouvrant la voie à une véritable révolution dans le domaine de la médecine anti-âge.

Promotion de la Prévention Plutôt que de la Réaction

La disponibilité croissante de biomarqueurs de la longévité encouragera une approche préventive de la santé. Plutôt que de réagir aux maladies après leur apparition, les individus et les professionnels de la santé pourront intervenir précocement en identifiant les changements subtils dans les biomarqueurs, visant ainsi à prévenir le vieillissement prématuré et les maladies associées.

Collaborations Interdisciplinaires

L'avenir des biomarqueurs de la longévité repose sur des collaborations interdisciplinaires étroites. La synergie entre la génétique, la médecine, l'informatique et d'autres domaines de la recherche sera essentielle pour exploiter pleinement le potentiel des biomarqueurs et traduire ces connaissances en applications pratiques.

Défis à Surmonter

Éthique et Confidentialité

Les questions éthiques et de confidentialité restent des défis majeurs. La collecte et l'utilisation de données biomoléculaires nécessitent une gestion prudente pour garantir la protection des droits individuels et la sécurité des informations génétiques.

Variabilité Individuelle

La variabilité individuelle dans les réponses aux interventions basées sur les biomarqueurs pose un défi. Les approches personnalisées devront tenir compte de cette variabilité pour garantir des résultats optimaux.

Accessibilité et Équité

Assurer l'accessibilité et l'équité dans l'utilisation des biomarqueurs est essentiel. Des efforts devront être déployés pour éviter des disparités injustes dans l'accès aux technologies de pointe liées aux biomarqueurs.

Éducation et Sensibilisation

L'éducation et la sensibilisation du public seront cruciales. Comprendre les implications des biomarqueurs de la longévité, tant du point de vue scientifique que sociétal, est essentiel pour favoriser une acceptation éclairée et une utilisation judicieuse de ces technologies.

En conclusion, l'intégration croissante des données biomoléculaires dans les soins de santé, la personnalisation des interventions, et la promotion de la prévention ouvrent la voie à une approche plus holistique et individualisée du vieillissement.

8

Intelligence Artificielle et Prolongation de la Vie

Introduction

L'évolution rapide de l'Intelligence Artificielle (IA) a ouvert des horizons prometteurs dans des domaines aussi divers que la médecine, la biologie et la recherche pharmaceutique. L'une des frontières les plus captivantes de cette convergence technologique est son impact potentiel sur la longévité humaine. L'IA se positionne au cœur de la quête de la longévité, jouant un rôle essentiel dans la personnalisation des traitements anti-âge.

L'IA comme un Catalyseur Révolutionnaire dans la Quête de la Longévité

Les avancées médicales, les découvertes pharmaceutiques et les progrès technologiques ont contribué à allonger l'espérance de vie au fil des siècles. Cependant, l'IA émerge aujourd'hui comme un catalyseur révolutionnaire, offrant des perspectives inédites et un potentiel sans précédent.

L'une des contributions majeures de l'IA réside dans sa capacité à traiter et à analyser d'immenses ensembles de données en un temps record. Dans le domaine de la recherche médicale, cette capacité s'avère cruciale. L'IA peut scruter des bases de données complexes, intégrant des données génétiques, cliniques et environnementales, pour identifier des modèles et des corrélations invisibles par les méthodes conventionnelles. Ainsi, elle agit comme un accélérateur de la recherche, permettant aux scientifiques d'explorer plus rapidement des voies potentielles pour prolonger la vie.

De plus, l'IA offre des outils puissants pour la modélisation biologique. Les simulations informatiques alimentées par l'IA permettent de mieux comprendre les processus biologiques complexes, offrant des aperçus précieux sur les mécanismes du vieillissement. Ces modèles virtuels permettent aux chercheurs de tester virtuellement des interventions anti-âge, accélérant ainsi le processus de découverte.

Rôle Pivot dans la Personnalisation des Traitements Anti-Âge

Si l'IA révolutionne la recherche fondamentale, elle imprègne également de manière significative le développement de thérapies personnalisées visant à ralentir le vieillissement. Chaque individu vieillit de manière unique en raison de divers facteurs, y compris le patrimoine génétique, le mode de vie, et l'environnement. L'approche traditionnelle, basée sur des traitements généralisés, atteint souvent ses limites dans la quête de la longévité.

C'est là que l'IA entre en jeu, en facilitant la personnalisation des traitements anti-âge. Grâce à l'analyse approfondie des données génétiques, de la biologie moléculaire et des habitudes de vie, l'IA peut élaborer des stratégies individualisées. Par exemple, en identifiant les marqueurs génétiques spécifiques associés au vieillissement accéléré chez un individu, l'IA peut recommander des interventions ciblées, telles que des modifications du régime alimentaire, des thérapies géniques ou des médicaments personnalisés.

Cette personnalisation est d'autant plus cruciale dans le contexte des traitements anti-âge, car elle reconnaît et s'adapte à la diversité inhérente à chaque être humain. Elle permet d'éviter les approches universelles qui peuvent ne pas être efficaces pour tous et optimise les chances de succès des interventions en les adaptant aux caractéristiques individuelles.

Personnalisation des Traitements Anti-Âge : L'Ère de l'IA

À l'ère de l'Intelligence Artificielle (IA), cette personnalisation atteint de nouveaux sommets, offrant des perspectives et des avancées technologiques qui redéfinissent notre approche du vieillissement.

Applications Actuelles de l'IA dans la Personnalisation des Protocoles Anti-Âge

Analyse des Données Génétiques et Biomoléculaires

L'une des principales contributions de l'IA à la personnalisation des traitements anti-âge réside dans son aptitude à analyser de vastes ensembles de données génétiques et biomoléculaires. En intégrant ces données, elle peut identifier des variations génétiques spécifiques associées au processus de vieillissement. Cette compréhension fine des prédispositions génétiques permet de personnaliser les interventions anti-âge, en adaptant les traitements aux besoins spécifiques de chaque individu.

Par exemple, l'IA peut analyser les mutations génétiques liées à la production de collagène, une protéine clé dans la fermeté de la peau. Sur la base de ces informations, elle peut recommander des traitements stimulant la production de collagène pour une efficacité maximale chez un individu donné.

Évaluation du Mode de Vie

Une autre dimension essentielle dans la personnalisation des traitements anti-âge est la prise en compte du mode de vie de chaque individu. L'IA peut analyser les habitudes alimentaires, le niveau d'activité physique, les expositions environnementales, et d'autres facteurs liés au mode de vie pour élaborer des recommandations personnalisées.

Par exemple, si les données montrent une carence nutritionnelle spécifique associée au vieillissement prématuré, l'IA peut suggérer des ajustements diététiques spécifiques pour combler ces lacunes. Cette approche holistique prend en compte les multiples facettes du mode de vie qui contribuent au processus de vieillissement.

Modélisation Prédictive

L'utilisation de modèles prédictifs alimentés par l'IA représente une avancée significative dans la personnalisation des traitements anti-âge. Ces modèles prennent en compte une variété de paramètres, de la génétique aux habitudes de vie, pour anticiper le processus de vieillissement d'un individu.

Par exemple, en analysant les données sur le métabolisme cellulaire, l'IA peut prédire comment les cellules d'un individu spécifique réagiront aux différents traitements anti-âge. Ces prédictions aident à orienter les choix thérapeutiques, en privilégiant les interventions qui maximiseront les bénéfices anti-âge tout en minimisant les effets indésirables.

Technologies qui Permettent une Approche Plus Précise et Individualisée

Thérapies Géniques Personnalisées

L'IA a ouvert la voie à des thérapies géniques personnalisées, représentant une percée majeure dans la personnalisation des traitements anti-âge. En analysant les données génétiques d'un individu, l'IA peut identifier des variations spécifiques qui pourraient être corrigées ou améliorées par des interventions géniques.

Par exemple, si une personne présente une mutation génétique associée à une diminution de la production d'une enzyme anti-âge, l'IA peut recommander une thérapie génique visant à restaurer l'expression normale de cette enzyme. Cette approche ciblée s'aligne sur la vision d'une médecine de précision, où les traitements sont adaptés aux caractéristiques génétiques uniques de chaque individu.

Évolution des Nanotechnologies

Les avancées dans les nanotechnologies sont également au cœur de l'approche individualisée des traitements anti-âge. L'IA facilite la conception de nanomatériaux capables de délivrer des agents anti-âge de manière spécifique et contrôlée.

Par exemple, en utilisant des nanocapteurs activés par l'IA, il est possible de surveiller en temps réel les besoins cellulaires d'un individu. Ces nanocapteurs peuvent ajuster la libération de composés anti-âge en fonction des signaux biologiques spécifiques, créant ainsi une approche dynamique et personnalisée en réponse aux besoins changeants de l'organisme.

Analyse Combinée des Données Omiques

L'IA facilite l'intégration et l'analyse combinée de données omiques, englobant la génomique, la protéomique, la métabolomique, et d'autres disciplines connexes. Cette approche holistique permet de saisir la complexité des mécanismes sous-jacents au vieillissement.

Par exemple, l'IA peut examiner simultanément les variations génétiques, les protéines spécifiques associées au vieillissement, et les métabolites liés aux processus métaboliques déclinants. Cette analyse combinée offre une compréhension plus complète du profil anti-âge d'un individu, permettant une personnalisation plus précise des traitements.

Modèles Prédictifs : L'Intelligence Artificielle à l'Œuvre

Les modèles prédictifs basés sur l'IA jouent un rôle central dans la compréhension et la gestion du processus de vieillissement, en permettant une analyse approfondie des biomarqueurs de la longévité et en éclairant les trajectoires de vieillissement individuelles.

Outils IA Utilisés pour Interpréter les Biomarqueurs de la Longévité

Séquençage Génomique et Analyse des Données Omiques

L'IA révolutionne l'interprétation des biomarqueurs de la longévité en exploitant des techniques avancées de séquençage génomique et d'analyse des données omiques. Ces méthodes permettent de cartographier le profil génétique et moléculaire d'un individu, identifiant des variations associées à la longévité.

Par exemple, en analysant les données génomiques, l'IA peut repérer des variations spécifiques liées à la régulation des gènes impliqués dans le vieillissement cellulaire. Ces informations guident la création de modèles prédictifs qui éclairent la probabilité de longévité d'un individu en fonction de son patrimoine génétique.

Biomarqueurs Sanguins et Monitoring Continu

L'IA excelle également dans l'interprétation des biomarqueurs sanguins, offrant une vision en temps réel des changements physiologiques. Les algorithmes d'apprentissage automatique peuvent identifier des motifs subtils dans les données sanguines, fournissant des indications sur la santé métabolique et la probabilité de vieillissement en bonne santé.

Par exemple, des fluctuations dans les niveaux de certaines protéines sanguines peuvent être des indicateurs de stress oxydatif, un processus lié au vieillissement accéléré. L'IA peut détecter ces variations subtiles et les intégrer dans des modèles prédictifs pour anticiper les trajectoires de vieillissement.

Trajectoires de Vieillissement Individuelles

Personnalisation des Prédictions

Les modèles prédictifs basés sur l'IA ne se contentent pas d'offrir des prévisions générales sur la longévité. Ils sont capables de personnaliser les prédictions en tenant compte de la complexité individuelle. En incorporant des données spécifiques à chaque personne, tels que le style de vie, l'environnement et les antécédents médicaux, les modèles deviennent des outils précis pour éclairer les trajectoires de vieillissement.

Par exemple, deux individus avec des profils génétiques similaires peuvent présenter des trajectoires de vieillissement différentes en raison de facteurs environnementaux. Les modèles prédictifs basés sur l'IA prennent en compte ces nuances pour fournir des prévisions individualisées.

Identification Précoce des Risques

L'un des avantages majeurs des modèles prédictifs est leur capacité à identifier précocement les signaux de risques liés au vieillissement. En analysant en continu les données biomoléculaires, l'IA peut repérer des changements subtils indiquant un vieillissement accéléré ou des prédispositions à des maladies spécifiques.

Par exemple, une augmentation anormale des marqueurs inflammatoires dans le sang peut être un indicateur de risque accru de maladies liées au vieillissement, comme les maladies cardiovasculaires. Les modèles prédictifs peuvent alerter les professionnels de la santé et les individus concernés, permettant une intervention précoce et la mise en place de mesures préventives.

Exploration Virtuelle : Simulations et Optimisation

Parmi les innovations les plus prometteuses liées à l'IA, les simulations virtuelles se distinguent en offrant une plateforme robuste pour évaluer les impacts potentiels des traitements anti-âge.

Simulations Virtuelles et Anti-Âge : Une Alliance Innovante

Les simulations virtuelles utilisant l'IA permettent de modéliser de manière complexe les processus biologiques liés au vieillissement. Des algorithmes sophistiqués peuvent simuler le vieillissement cellulaire, les interactions moléculaires et les réponses physiologiques à divers traitements anti-âge. Ces simulations offrent une compréhension approfondie des mécanismes biologiques sous-jacents, permettant aux chercheurs et aux cliniciens d'explorer virtuellement une gamme de scénarios avant de les tester dans le monde réel.

Évaluation des Impacts Potentiels des Traitements Anti-Âge

Les simulations virtuelles offrent un terrain d'essai virtuel où les chercheurs peuvent évaluer les impacts potentiels des traitements anti-âge avec une précision et une rapidité accrues. En simulant l'effet d'interventions spécifiques sur des modèles biologiques, les scientifiques peuvent prédire les résultats probables, identifier les voies les plus prometteuses et optimiser les protocoles de traitement avant même de les expérimenter sur des sujets humains. Cela accélère le processus de recherche, réduisant les coûts et le temps nécessaire pour passer de la découverte à la mise en œuvre clinique.

L'IA comme Guide dans les Choix de Traitement

Les environnements virtuels alimentés par l'IA ne se limitent pas à la modélisation biologique. Ils intègrent également des algorithmes d'optimisation pour guider les choix de traitement. En analysant de vastes ensembles de données génomiques, cliniques et environnementales, l'IA peut recommander des interventions personnalisées en fonction des caractéristiques individuelles. Cela marque une transition significative vers une approche de la médecine anti-âge plus précise et individualisée, où les traitements sont adaptés aux profils génétiques et aux besoins spécifiques de chaque personne.

En bref, les avantages de l'exploration virtuelle sont les suivants :

- Réduction des Coûts et du Temps : Les essais cliniques sont coûteux et prennent du temps. L'exploration virtuelle permet de filtrer les options les plus prometteuses, réduisant ainsi les coûts associés à la recherche et accélérant le développement de traitements anti-âge.

- Personnalisation des Traitements : En utilisant des simulations basées sur des données individuelles, les choix de traitement peuvent être adaptés à la génétique, au mode de vie et à d'autres facteurs spécifiques à chaque patient, maximisant ainsi l'efficacité des interventions.

- Éthique et Sécurité : Tester des traitements sur des modèles virtuels réduit les risques liés aux essais cliniques, assurant une approche plus éthique et sécurisée pour le développement de nouvelles interventions anti-âge.

- Compréhension Approfondie des Mécanismes Biologiques : Les simulations virtuelles fournissent des insights détaillés sur les mécanismes biologiques sous-jacents au vieillissement, aidant les chercheurs à mieux comprendre les processus complexes impliqués.

Découverte de Nouvelles Stratégies : L'IA Comme Moteur de Recherche

L'Intelligence Artificielle (IA) se positionne comme un moteur puissant dans la recherche de nouvelles stratégies visant à prolonger la vie. Grâce à ses capacités exceptionnelles d'analyse de données et d'apprentissage automatique, l'IA a élargi les horizons de la recherche scientifique, permettant l'exploration de voies novatrices dans la quête de la longévité.

Contribution de l'IA à la Découverte de Nouvelles Stratégies de Prolongation de la Vie

Exploration de Données Massives

L'un des avantages majeurs de l'IA dans la recherche de stratégies de prolongation de la vie réside dans sa capacité à explorer et analyser d'immenses ensembles de données. Les bases de données biomédicales, génomiques et cliniques sont devenues des réservoirs riches en informations, mais leur analyse manuelle serait fastidieuse et limitée.

L'IA excelle dans cette tâche en utilisant des algorithmes sophistiqués pour extraire des modèles, identifier des corrélations et découvrir des associations subtiles entre différentes variables. Par exemple, en analysant les données génomiques de milliers de personnes, l'IA peut identifier des variations génétiques spécifiques associées à une longévité exceptionnelle.

Identification de Biomarqueurs

Les biomarqueurs jouent un rôle clé dans la recherche sur la longévité, car ils offrent des indices sur les processus biologiques liés au vieillissement. L'IA excelle dans l'identification de nouveaux biomarqueurs en analysant des ensembles de données complexes.

Par exemple, des études utilisant des techniques d'imagerie avancées pour surveiller le cerveau au fil du temps peuvent générer des quantités massives de données. L'IA peut alors identifier des motifs subtils dans ces données qui sont liés à la santé cérébrale et au vieillissement, ouvrant ainsi de nouvelles perspectives pour la découverte de stratégies de préservation cognitive.

Intégration de Données Multiples

L'IA excelle dans l'intégration de données provenant de différentes sources. Elle peut combiner des données génétiques, des données d'imagerie, des données cliniques et des données de mode de vie pour créer une image holistique des facteurs influençant la longévité.

Par exemple, en intégrant des données génomiques avec des données sur l'alimentation et l'exercice, l'IA peut identifier des interactions complexes entre le patrimoine génétique et le mode de vie, révélant des pistes nouvelles pour des interventions personnalisées.

Algorithmes d'Apprentissage Automatique qui Permettent d'Identifier des Avenues Novatrices

Apprentissage Profond (Deep Learning)

Les algorithmes d'apprentissage profond sont au cœur de nombreuses avancées de l'IA en matière de recherche sur la longévité. Ces algorithmes, inspirés du fonctionnement du cerveau humain, sont capables d'apprendre à partir de données complexes et de déceler des modèles difficiles à percevoir pour d'autres méthodes.

Par exemple, en utilisant des réseaux de neurones profonds, l'IA peut analyser des images médicales pour identifier des signes précurseurs de maladies liées au vieillissement, tels que des changements dans la structure des tissus ou la présence de dépôts anormaux.

Apprentissage par Renforcement

L'apprentissage par renforcement est un autre type d'algorithme qui a des implications significatives dans la recherche de stratégies de prolongation de la vie. Ces algorithmes apprennent à prendre des décisions en fonction des récompenses reçues, ce qui les rend adaptatifs et capables d'optimiser des stratégies au fil du temps.

Par exemple, des algorithmes d'apprentissage par renforcement peuvent être utilisés pour concevoir des protocoles d'exercice personnalisés. L'IA apprendrait des réponses physiologiques spécifiques à l'exercice pour adapter le programme d'entraînement et maximiser les bienfaits pour la santé.

Méthodes de Génération de Connaissances

Les méthodes de génération de connaissances, comme l'apprentissage automatique symbolique, permettent à l'IA de déduire des règles et des relations logiques à partir de données. Cela est particulièrement utile pour comprendre les mécanismes sous-jacents au vieillissement.

Par exemple, ces méthodes peuvent être utilisées pour extraire des règles complexes reliant des facteurs génétiques, des biomarqueurs et des habitudes de vie, révélant ainsi des liens inattendus qui guideront la recherche vers de nouvelles avenues.

Défis Éthiques

L'intégration croissante de l'IA dans la recherche soulève des défis éthiques complexes qui nécessitent une réflexion approfondie. L'utilisation de l'IA pour comprendre et améliorer la durée de vie pose des questions essentielles liées à la confidentialité, à la sécurité et à la responsabilité.

Confidentialité des Données : Balancing Knowledge and Privacy

L'un des défis éthiques majeurs liés à l'utilisation de l'IA réside dans la gestion de la confidentialité des données. Les avancées technologiques permettent de recueillir des quantités massives de données personnelles, comprenant des informations génétiques, des données médicales, des habitudes de vie et plus encore. Cette richesse d'informations est essentielle pour former des modèles prédictifs et personnalisés, mais elle soulève des préoccupations majeures en matière de vie privée.

Analyse des Enjeux :

- Consentement Éclairé : Lors de la collecte de données pour la recherche sur la longévité, il est crucial d'obtenir un consentement éclairé des individus. Cependant, la complexité des informations génétiques et biomoléculaires peut rendre difficile une compréhension complète des implications potentielles de la participation à ces études.

- Risque de Divulgation : Les données de longévité peuvent contenir des informations sensibles sur la santé, la prédisposition génétique à certaines maladies et d'autres aspects intimes de la vie des individus. Il existe un risque réel de divulgation non intentionnelle de ces informations, compromettant ainsi la vie privée des participants.

- Utilisation Secondaire des Données : Les questions se posent également sur l'utilisation secondaire des données, c'est-à-dire l'utilisation de données recueillies à des fins spécifiques pour d'autres objectifs sans le consentement explicite des participants.

Réflexion sur les Solutions :

- Transparence : Les chercheurs doivent s'engager à une transparence totale quant à la manière dont les données sont collectées, stockées, et utilisées. Les participants doivent être informés de manière claire et accessible sur la finalité de la recherche et les risques potentiels.

- Anonymisation et Sécurité des Données : Les données personnelles peuvent être anonymisées pour minimiser les risques de divulgation. De plus, des mesures de sécurité robustes doivent être mises en place pour protéger ces données contre toute utilisation malveillante.

- Contrôle des Participants : Les participants devraient avoir un certain niveau de contrôle sur l'utilisation de leurs données. Cela pourrait impliquer la possibilité de retirer leur consentement à tout moment ou de restreindre l'utilisation de leurs données à des fins spécifiques.

Sécurité des Données : Prévenir les Risques et les Vulnérabilités

La sécurité des données dans le contexte de la recherche sur l'optimisation de la longévité est un défi majeur, car la manipulation de données génomiques et biomoléculaires requiert une protection exceptionnelle. Les risques potentiels incluent le piratage, la manipulation des données et l'utilisation malveillante des informations sensibles.

Analyse des Enjeux :

- Piratage Informatique : Les bases de données contenant des informations génomiques sont des cibles attrayantes pour les pirates informatiques, car elles peuvent être exploitées à des fins diverses, y compris le chantage et la fraude.

- Manipulation des Données : La manipulation intentionnelle des données peut fausser les résultats de la recherche et entraîner des conclusions erronées. Cela pourrait avoir des implications graves dans le domaine de la longévité, où la précision des données est cruciale.

- Accès Non Autorisé : Les données génétiques et biomoléculaires sont particulièrement sensibles, et un accès non autorisé peut compromettre la vie privée des individus et être utilisé à des fins discriminatoires.

Réflexion sur les Solutions :

- Cryptage des Données : Toutes les données doivent être cryptées pour assurer une protection maximale contre les accès non autorisés. Le cryptage garantit que même en cas de violation de sécurité, les données restent inintelligibles sans la clé appropriée.

- Normes de Sécurité Élevées : Les institutions de recherche et les entreprises impliquées dans la collecte de données de longévité doivent respecter des normes de sécurité élevées, mettant en œuvre des protocoles rigoureux pour prévenir les attaques informatiques.

- Formation en Sécurité : Le personnel travaillant avec ces données doit être formé à la sécurité informatique, conscient des risques potentiels et des meilleures pratiques pour minimiser les vulnérabilités.

Responsabilité : Naviguer les Complexités Éthiques de l'IA

L'IA soulève des questions cruciales de responsabilité, surtout lorsqu'elle est utilisée dans des domaines aussi délicats que la recherche sur l'optimisation de la longévité. Qui est responsable en cas de préjudice potentiel causé par une recommandation de traitement basée sur des modèles d'IA ? Comment assurer que les décisions prises par l'IA ne soient pas discriminatoires ou biaisées ?

Analyse des Enjeux :

- Responsabilité des Résultats : Lorsque des modèles d'IA sont utilisés pour prendre des décisions médicales ou pour formuler des recommandations de traitement, la question de la responsabilité en cas de résultats indésirables se pose.

- Biais Algorithmique : Les modèles d'IA peuvent être biaisés, reproduisant des inégalités préexistantes dans les données sur lesquelles ils sont formés. Cela soulève des préoccupations éthiques majeures, en particulier si ces biais influencent les recommandations de soins de santé.

- Transparence des Modèles : La plupart des modèles d'IA, en particulier les réseaux de neurones profonds, sont souvent considérés comme des "boîtes noires". La difficulté à comprendre comment ces modèles prennent leurs décisions pose des défis pour l'attribution de la responsabilité.

Réflexion sur les Solutions :

- Transparence Algorithmique : Les développeurs d'IA devraient travailler à rendre les modèles plus transparents, permettant une meilleure compréhension de la logique derrière les décisions prises par l'IA.

- Audits Indépendants : Des audits indépendants des modèles d'IA peuvent être mis en place pour évaluer leur équité et leur conformité aux normes éthiques.

- Éducation et Formation : Les professionnels de la santé, les chercheurs et les utilisateurs finaux des technologies basées sur l'IA doivent être correctement éduqués et formés pour comprendre les limites et les implications éthiques de ces systèmes.

Conclusion : Perspectives Futures sur L'IA au Service de la Longévité

L'intersection entre l'IA et la recherche sur la longévité ouvre des perspectives passionnantes pour l'avenir de la médecine anti-âge. À mesure que la technologie évolue et que la compréhension du processus de vieillissement s'approfondit, les développements futurs dans ce domaine promettent d'être révolutionnaires.

Développements Futurs Anticipés dans le Domaine de l'IA et de la Longévité

Personnalisation des Traitements Anti-Âge

L'une des tendances les plus prometteuses pour l'avenir réside dans la personnalisation accrue des traitements anti-âge grâce à l'IA. Les modèles prédictifs basés sur l'IA devraient devenir encore plus sophistiqués, intégrant un éventail plus large de données, des biomarqueurs moléculaires aux données comportementales, pour offrir des recommandations encore plus précises et individualisées.

Par exemple, les traitements anti-âge pourraient être adaptés en fonction du profil génétique, des habitudes alimentaires, du niveau d'activité physique, et d'autres facteurs spécifiques à chaque individu. Cette approche personnalisée maximiserait l'efficacité des interventions, permettant une optimisation véritablement adaptée à la biologie unique de chaque personne.

Prévention Précoce des Maladies Liées au Vieillissement

L'IA jouera un rôle de plus en plus central dans la prévention précoce des maladies liées au vieillissement. Les modèles prédictifs, en s'appuyant sur une analyse continue des biomarqueurs, permettront une détection précoce des signes de maladies comme les maladies cardiovasculaires, les troubles neurodégénératifs, et d'autres pathologies liées à l'âge.

Cela ouvrira la porte à des interventions proactives avant même l'apparition de symptômes cliniques, offrant ainsi la possibilité de ralentir ou d'empêcher le développement de ces maladies. La collaboration entre l'IA et les professionnels de la santé dans ce contexte sera cruciale pour traduire les prédictions en plans d'action médicaux concrets.

Identification de Nouvelles Cibles Thérapeutiques

L'IA sera également un moteur essentiel pour l'identification de nouvelles cibles thérapeutiques. En analysant de vastes ensembles de données génomiques, moléculaires et cliniques, les modèles prédictifs pourront repérer des motifs complexes et identifier des mécanismes sous-jacents au vieillissement qui n'avaient pas encore été envisagés.

Ces découvertes pourraient conduire au développement de thérapies plus ciblées et spécifiques, ouvrant la voie à des interventions plus efficaces dans le processus de vieillissement. La recherche de nouvelles cibles thérapeutiques pourrait bénéficier de la collaboration entre les experts en intelligence artificielle, en biologie moléculaire et en médecine.

Collaboration Continue entre l'IA et la Médecine Anti-Âge

Intégration de l'IA dans les Essais Cliniques

Une opportunité majeure pour la collaboration entre l'IA et la médecine anti-âge réside dans l'intégration de l'IA dans la conception et la réalisation d'essais cliniques. Les modèles d'IA peuvent aider à identifier des cohortes de patients plus homogènes pour des essais spécifiques, améliorant ainsi la qualité des données recueillies. De plus, l'IA peut être utilisée pour analyser en temps réel les données générées par les essais cliniques, identifiant des tendances, des réponses individuelles et des effets secondaires potentiels de manière plus rapide et précise que les méthodes traditionnelles.

Formation et Éducation dans le Domaine de l'IA en Médecine Anti-Âge

La collaboration entre l'IA et la médecine anti-âge nécessite également un investissement dans la formation et l'éducation. Les professionnels de la santé et les chercheurs doivent acquérir des compétences en intelligence artificielle pour maximiser le potentiel de ces technologies tout en comprenant leurs limites et en naviguant dans les défis éthiques. Des programmes de formation interdisciplinaires, réunissant des experts en IA et des professionnels de la médecine anti-âge, pourraient favoriser une compréhension mutuelle et une collaboration plus fructueuse.

Développement de Normes Éthiques et Légales

En tandem avec les développements technologiques, il est impératif de développer des normes éthiques et légales robustes pour guider l'utilisation de l'IA dans la médecine anti-âge. Des directives claires sur la confidentialité des données, la transparence des modèles, la responsabilité et d'autres aspects éthiques sont essentielles pour garantir une utilisation éthique de cette technologie. Les organismes de réglementation, les institutions de recherche et les praticiens doivent collaborer pour élaborer des cadres éthiques solides qui encouragent l'innovation tout en protégeant les droits et la sécurité des individus.

9

Régimes Alimentaires pour la Longévité

Introduction

Importance des Choix Alimentaires

L'importance des choix alimentaires dans la promotion de la longévité découle de la manière dont notre corps réagit aux différents nutriments que nous consommons. Les aliments ne sont pas simplement des sources d'énergie, mais ils agissent également comme des signaux moléculaires qui modulent divers processus biologiques, y compris le vieillissement. Les régimes alimentaires influencent non seulement la santé générale, mais aussi la probabilité de développer des maladies chroniques associées au vieillissement, telles que les maladies cardiovasculaires, le diabète et d'autres conditions dégénératives.

Des études épidémiologiques ont régulièrement démontré que les populations qui adoptent des régimes alimentaires riches en fruits, légumes, grains entiers et sources de protéines maigres présentent souvent des taux de maladies chroniques et de mortalité plus bas. Ces observations suggèrent que les choix alimentaires peuvent agir comme des déterminants majeurs de la longévité et de la qualité de vie.

Bases Scientifiques

- Inflammation et Antioxydants : L'inflammation chronique est un facteur majeur du vieillissement prématuré et de nombreuses maladies liées à l'âge. Certains aliments, notamment ceux riches en antioxydants, peuvent contribuer à réduire l'inflammation en neutralisant les radicaux libres. Les fruits rouges, les légumes verts et les noix sont des exemples d'aliments riches en antioxydants qui peuvent aider à atténuer le stress oxydatif.

- Acides Gras Oméga-3 : Les acides gras oméga-3, présents dans des sources telles que le poisson gras, les graines de lin et les noix, sont associés à une réduction des risques de maladies cardiovasculaires. Ils exercent également des effets anti-inflammatoires, ce qui peut être bénéfique dans la prévention du vieillissement prématuré.

- Régulation de la Glycémie : Une alimentation équilibrée, incluant des glucides complexes provenant de céréales complètes, peut contribuer à maintenir une glycémie stable. Une glycémie élevée est liée à l'insulino-résistance et au diabète, des facteurs qui peuvent accélérer le processus de vieillissement.

- Restriction Calorique : La restriction calorique contrôlée, sans malnutrition, a été associée à une prolongation de la vie dans de nombreuses études sur des modèles animaux. Bien que les mécanismes exacts ne soient pas complètement compris, il semble que la restriction calorique puisse influencer des voies métaboliques et hormonales liées à la longévité.

- Microbiote Intestinal : La santé du microbiote intestinal est de plus en plus reconnue comme un élément clé de la longévité. Certains aliments, tels que les probiotiques et les prébiotiques présents dans les yaourts, les légumes fermentés et les fibres alimentaires, peuvent favoriser un microbiote équilibré, ce qui a des implications positives pour la santé globale.

Aliments et Nutriments Clés

Exploration des Nutriments Essentiels Associés à la Longévité

Antioxydants

Les antioxydants sont des molécules qui aident à neutraliser les radicaux libres, des composés instables qui peuvent endommager les cellules et contribuer au vieillissement prématuré. Des aliments riches en antioxydants, tels que les baies, les agrumes, les épinards et les noix, sont considérés comme des alliés dans la lutte contre le stress oxydatif.

Acides Gras Oméga-3

Les acides gras oméga-3, présents dans le poisson gras, les graines de lin, les noix et les algues, ont des effets anti-inflammatoires et sont associés à une réduction des risques de maladies cardiovasculaires. Ils jouent un rôle crucial dans le maintien de la santé cérébrale et peuvent contribuer à la prévention du déclin cognitif lié à l'âge.

Fibres Alimentaires

Les fibres alimentaires, présentes dans les fruits, les légumes, les céréales complètes et les légumineuses, favorisent la santé digestive, régulent la glycémie et peuvent contribuer à la gestion du poids. Une alimentation riche en fibres est souvent associée à une réduction des risques de maladies cardiovasculaires et de certains cancers.

Vitamines et Minéraux

Les vitamines et les minéraux sont essentiels au bon fonctionnement du corps et sont souvent impliqués dans des processus métaboliques clés. La vitamine C, présente dans les agrumes et les poivrons, est un puissant antioxydant. La vitamine D, que l'on trouve dans le poisson gras et les champignons, est cruciale pour la santé osseuse. Le calcium, le magnésium et le potassium sont des minéraux essentiels qui jouent un rôle dans la fonction musculaire, la régulation de la pression artérielle et d'autres processus physiologiques.

Protéines Maigres

Les protéines sont importantes pour la construction et la réparation des tissus, et elles jouent un rôle crucial dans le maintien de la masse musculaire, qui tend à diminuer avec l'âge. Les sources de protéines maigres, telles que le poisson, la volaille, les légumineuses et les produits laitiers à faible teneur en matières grasses, sont préférables pour la santé cardiaque.

Probiotiques

Les probiotiques, présents dans des aliments tels que le yaourt, le kéfir et les aliments fermentés, soutiennent la santé du microbiote intestinal. Un microbiote équilibré est lié à une meilleure immunité, à la digestion des nutriments et à la prévention de certaines maladies.

Vitamines, Minéraux et Autres Composés Bioactifs

- Vitamine C : La vitamine C, également connue sous le nom d'acide ascorbique, est une vitamine hydrosoluble présente dans de nombreux fruits et légumes. Elle agit comme un puissant antioxydant, neutralisant les radicaux libres et contribuant ainsi à la prévention du stress oxydatif. De plus, la vitamine C joue un rôle essentiel dans la synthèse du collagène, une protéine qui maintient l'élasticité de la peau, aidant à prévenir les rides et à maintenir la jeunesse de la peau.

- Vitamine D : La vitamine D est unique car elle peut être synthétisée par la peau lorsqu'elle est exposée à la lumière du soleil. Cependant, elle se trouve également dans certains aliments, notamment le poisson gras, les œufs et les champignons. La vitamine D est essentielle à l'absorption du calcium et du phosphore, favorisant ainsi la santé osseuse. Elle est également impliquée dans la régulation du système immunitaire, ce qui peut contribuer à la prévention de maladies.

- Calcium, Magnésium et Potassium : Ces minéraux jouent un rôle crucial dans la régulation de la pression artérielle, la contraction musculaire et la transmission nerveuse. Une alimentation équilibrée en ces minéraux peut contribuer à la santé cardiovasculaire, à la fonction musculaire et à d'autres processus physiologiques essentiels.

Régimes Alimentaires Traditionnels et Zones Bleues

Les Zones Bleues, ces régions du monde où la longévité exceptionnelle est une norme plutôt qu'une exception, ont captivé l'attention des chercheurs et des amateurs de bien-être. Ces zones géographiques, qui comprennent des communautés telles que Okinawa au Japon, Ikaria en Grèce, la Sardaigne en Italie, Nicoya au Costa Rica, et Loma Linda en Californie, partagent des caractéristiques communes au-delà de la longévité remarquable de leurs habitants. L'un des éléments clés qui émerge de ces études est l'impact significatif des régimes alimentaires traditionnels sur la santé et la longévité.

Aperçu des Régimes Alimentaires des Zones Bleues

- Okinawa, Japon: Les habitants d'Okinawa, une île au sud du Japon, sont célèbres pour leur longévité exceptionnelle. Leur régime alimentaire traditionnel est caractérisé par une consommation élevée de légumes, de tofu, de poissons riches en acides gras oméga-3 et de thé vert. Les Okinawéens pratiquent également le concept d'Hara Hachi Bu, qui signifie manger jusqu'à ce que l'estomac soit à 80% plein, favorisant ainsi la modération alimentaire.

- Ikaria, Grèce : Les habitants de l'île grecque d'Ikaria présentent également une longévité exceptionnelle. Leur régime alimentaire est riche en légumes, en herbes méditerranéennes, en huile d'olive, en poisson, en miel et en vin rouge. Les repas sont souvent partagés en famille et en communauté, soulignant l'importance de la convivialité dans la culture alimentaire d'Ikaria.

- Sardaigne, Italie : En Sardaigne, une île en Méditerranée, les centenaires ont souvent en commun une alimentation basée sur des produits locaux. Le régime traditionnel sarde inclut des légumes, des légumineuses, des céréales complètes, du fromage de chèvre, du vin rouge et des herbes méditerranéennes. La modération dans la consommation de viande et une activité physique régulière sont également des éléments clés.

- Nicoya, Costa Rica : Les habitants de la péninsule de Nicoya au Costa Rica ont des habitudes alimentaires axées sur les aliments locaux tels que les haricots, les légumes-racines, les fruits tropicaux, le maïs et le poisson. Leur régime est naturellement riche en fibres, en nutriments et en antioxydants provenant de produits frais et non transformés.

- Loma Linda, Californie: La communauté adventiste du septième jour de Loma Linda en Californie est une Zone Bleue étonnante aux États-Unis. Leur régime alimentaire est principalement végétarien, mettant l'accent sur les fruits, les légumes, les noix, les légumineuses et les céréales complètes. La modération dans la consommation de produits laitiers et de graisses saturées est également observée.

Tendances Favorables à une Vie Longue et Saine

- Prédominance de Plantes et de Produits Locaux : Une caractéristique commune dans les régimes des Zones Bleues est la prédominance des aliments d'origine végétale et des produits locaux. Les fruits, légumes, céréales complètes et légumineuses fournissent une abondance de fibres, de vitamines et de minéraux essentiels tout en minimisant la consommation d'aliments transformés.

- Modération et Restriction Calorique : Dans plusieurs Zones Bleues, la modération alimentaire est une pratique courante. La restriction calorique modérée, sans malnutrition, est associée à des avantages pour la santé et à la promotion de la longévité. L'accent mis sur la qualité plutôt que sur la quantité peut contribuer à un équilibre optimal.

- Pratiques de Convivialité : Les repas partagés en famille ou en communauté sont une tendance observée dans de nombreuses Zones Bleues. Cette pratique encourage une approche plus consciente de l'alimentation, favorise la socialisation et réduit le stress, contribuant ainsi au bien-être général.

- Consommation Modérée de Protéines Animales : Bien que la consommation de poisson puisse être élevée dans certaines Zones Bleues, la quantité de protéines animales, en particulier de viande rouge, est généralement modérée. Les sources de protéines incluent souvent du poisson, des légumineuses, des produits laitiers à faible teneur en matières grasses et d'autres alternatives végétales.

- Habitudes de Vie Actives : Outre les choix alimentaires, les habitants des Zones Bleues adoptent souvent un mode de vie actif. L'activité physique régulière, qu'il s'agisse de travaux agricoles, de marche quotidienne ou de jardinage, contribue à la santé cardiovasculaire, musculaire et articulaire.

- Gestion du Stress : La gestion du stress joue un rôle crucial dans la promotion de la longévité. Les communautés des Zones Bleues ont souvent des pratiques culturelles ou spirituelles qui intègrent la relaxation et la réduction du stress, ce qui peut avoir des effets positifs sur la santé globale.

Deux Régimes Émergents Associés à la Promotion de la Longévité

Régime Méditerranéen

Le régime méditerranéen tire son inspiration des habitudes alimentaires des populations vivant autour du bassin méditerranéen, notamment en Grèce, en Italie et en Espagne. Il met l'accent sur la consommation d'aliments frais, non transformés et riches en nutriments.

Principes Fondamentaux :

- Abondance de Fruits et Légumes : Le régime méditerranéen encourage la consommation quotidienne de fruits et de légumes, riches en vitamines, minéraux et fibres.

- Huile d'Olive : L'huile d'olive, riche en acides gras monoinsaturés, est une source importante de matières grasses saines dans ce régime.

- Poissons et Volailles : Les protéines maigres, telles que le poisson et la volaille, sont privilégiées par rapport aux viandes rouges.

- Céréales Complètes : Les grains entiers fournissent des glucides complexes et des fibres essentiels.

- Produits laitiers à Faible Teneur en Matières Grasses : Les produits laitiers, en particulier le yaourt et le fromage à faible teneur en matières grasses, sont inclus pour leur apport en calcium.

- Vin Rouge Modéré : La consommation modérée de vin rouge est parfois intégrée, offrant des antioxydants et des polyphénols.

Régime Okinawa

Le régime Okinawa est inspiré des habitudes alimentaires traditionnelles de l'île japonaise d'Okinawa, connue pour avoir l'une des plus hautes concentrations de centenaires au monde.

Principes Fondamentaux :

- Aliments à Faible Densité Calorique : Le régime Okinawa met l'accent sur des aliments à faible densité calorique tels que les légumes verts, les patates douces et les autres légumes.

- Tofu et Légumineuses : Les protéines végétales, en particulier le tofu et les légumineuses, sont des composants clés du régime.

- Petites Portions : Les Okinawéens pratiquent le Hara Hachi Bu, une pratique de manger jusqu'à ce que l'estomac soit à 80% plein, favorisant la modération.

- Rares Apports en Viande Rouge : La consommation de viande rouge est limitée, et la préférence est donnée aux protéines végétales et aux poissons riches en oméga-3.

- Légumes et Algues Marines : Les légumes verts et les algues marines fournissent des nutriments essentiels et des minéraux.

Bénéfices Spécifiques de Ces Approches

Régime Méditerranéen

- Santé Cardiovasculaire Améliorée : La richesse en acides gras monoinsaturés de l'huile d'olive et les oméga-3 présents dans le poisson contribuent à la santé cardiaque en réduisant le cholestérol et en prévenant l'inflammation.

- Réduction du Risque de Maladies Chroniques : Les antioxydants présents dans les fruits et légumes peuvent aider à réduire le risque de maladies chroniques telles que le diabète de type 2 et certains cancers.

- Soutien à la Santé Cérébrale : Les acides gras oméga-3 et les antioxydants peuvent jouer un rôle dans la protection de la santé cérébrale et la prévention du déclin cognitif lié à l'âge.

- Gestion du Poids : Les aliments à faible densité calorique, combinés à une alimentation riche en fibres, favorisent la satiété et peuvent contribuer à la gestion du poids.

- Longévité Exceptionnelle : Les habitudes alimentaires d'Okinawa ont été associées à une longévité exceptionnelle, avec un nombre disproportionné de centenaires dans la population.

- Protection Cardiovasculaire : La faible consommation de viande rouge et la préférence pour les protéines végétales peuvent contribuer à la réduction des maladies cardiovasculaires.

- Soutien Métabolique : Les aliments riches en nutriments, comme les patates douces et les légumes, offrent des avantages métaboliques, y compris la régulation de la glycémie.

- Prévention des Maladies liées à l'Âge : Les habitudes alimentaires d'Okinawa sont souvent associées à une réduction du risque de maladies liées à l'âge, y compris le cancer et les maladies neurodégénératives.

Aliments Vedettes pour une Super Alimentation Anti-Âge

Une alimentation anti-âge met l'accent sur des aliments riches en nutriments, antioxydants et autres composés bénéfiques qui peuvent contribuer à prévenir le vieillissement prématuré, à soutenir la santé cellulaire et à favoriser la vitalité.

Voici quelques "super aliments" qui sont souvent considérés comme bénéfiques dans le cadre d'une alimentation anti-âge :

- Baies : Les baies comme les myrtilles, les framboises, les fraises et les mûres sont riches en antioxydants, notamment des flavonoïdes, qui aident à lutter contre les radicaux libres responsables du vieillissement prématuré.

- Poissons gras : Les poissons gras tels que le saumon, le maquereau et les sardines sont riches en acides gras oméga-3. Ces acides gras essentiels sont bénéfiques pour la santé cardiaque, la fonction cérébrale et ont des propriétés anti-inflammatoires.

- Légumes à feuilles vertes : Les épinards, le chou kale, la roquette et autres légumes à feuilles vertes sont riches en vitamines, minéraux, et antioxydants. Ils fournissent également de la vitamine K, importante pour la santé des os.

- Fruits secs et graines : Les noix, les amandes, les graines de chia et de lin sont d'excellentes sources d'acides gras mono-insaturés, de protéines, de fibres, de vitamines et de minéraux. Ils peuvent contribuer à la santé du cœur et à la réduction de l'inflammation.

- Avocats : Les avocats sont riches en acides gras mono-insaturés, en vitamines E et C, ainsi qu'en antioxydants. Ils sont bénéfiques pour la santé de la peau et peuvent aider à réduire l'inflammation.

- Thé vert : Le thé vert est riche en polyphénols, des composés qui ont des propriétés antioxydantes et anti-inflammatoires. La consommation régulière de thé vert est associée à plusieurs avantages pour la santé, y compris la protection contre le vieillissement cellulaire.

- Curcuma : La curcumine, un composé actif présent dans le curcuma, a des propriétés anti-inflammatoires et antioxydantes. Il est souvent associé à des effets bénéfiques sur la santé articulaire et cognitive.

- Poivrons rouges : Les poivrons rouges sont riches en vitamine C, un antioxydant essentiel pour la production de collagène, important pour la santé de la peau. Ils contiennent également des caroténoïdes qui peuvent contribuer à la santé oculaire.

- Grenades : Les grenades sont riches en antioxydants, y compris les polyphénols et les anthocyanes. Elles ont des effets anti-inflammatoires et peuvent contribuer à la santé du cœur.

- Yogourt grec : Le yogourt grec est une excellente source de protéines, de calcium et de probiotiques bénéfiques pour la santé digestive. La santé intestinale est de plus en plus liée au processus de vieillissement.

- Tomates : Les tomates contiennent du lycopène, un antioxydant associé à la réduction du risque de maladies cardiovasculaires et à la protection contre les dommages causés par le soleil.

- Huile d'olive extra vierge : L'huile d'olive extra vierge est riche en acides gras mono-insaturés et en polyphénols, qui ont des effets anti-inflammatoires et peuvent contribuer à la santé cardiovasculaire.

L'essentiel d'une alimentation anti-âge est de favoriser la diversité alimentaire en incluant une variété d'aliments riches en nutriments et en antioxydants. Il est également important de maintenir un mode de vie sain, comprenant une hydratation adéquate, une activité physique régulière et la gestion du stress pour soutenir la santé globale et le bien-être tout au long du processus de vieillissement.

Jeûne et Restreint Calorique

Le jeûne intermittent et le restreint calorique sont deux approches alimentaires qui ont attiré l'attention en raison de leur potentiel à favoriser la longévité et à améliorer la santé métabolique. Ces stratégies impliquent des variations dans les habitudes alimentaires, allant de périodes de jeûne à des réductions contrôlées de l'apport calorique quotidien.

Jeûne Intermittent : Un Examen Approfondi

Le jeûne intermittent implique des cycles de jeûne alternant avec des périodes d'alimentation normale. Ces cycles peuvent varier en durée, allant de quelques heures à plusieurs jours.

Plusieurs méthodes de jeûne intermittent ont émergé, chacune avec ses propres variations temporelles :

- Le Jeûne de 16/8 : Une méthode populaire est le jeûne de 16 heures par jour, suivi d'une fenêtre d'alimentation de 8 heures. Cette approche peut être mise en œuvre en sautant le petit-déjeuner et en limitant les repas à une période spécifique de la journée.

- Le Jeûne 5:2 : Une autre approche consiste à suivre une alimentation normale pendant cinq jours de la semaine, suivie de deux jours de jeûne où l'apport calorique est fortement réduit (généralement à environ 500-600 calories par jour).

- Le Jeûne en Alternance : Cette méthode implique des jours de jeûne complet alternant avec des jours d'alimentation normale. Pendant les jours de jeûne, aucune calorie n'est consommée, tandis que les jours d'alimentation normale permettent une consommation ad libitum.

Bienfaits Potentiels du Jeûne Intermittent

- Réduction du Stress Métabolique : Le jeûne intermittent peut réduire le stress métabolique en permettant au corps de passer par des périodes de repos digestif. Cela peut améliorer la sensibilité à l'insuline, réguler les niveaux de sucre dans le sang et réduire le risque de maladies métaboliques telles que le diabète de type 2.

- Activation de l'Autophagie : Le jeûne intermittent peut stimuler l'autophagie, un processus cellulaire qui élimine les composants cellulaires endommagés ou obsolètes. Cela favorise la régénération cellulaire et peut avoir des implications positives pour la prévention du vieillissement.

- Réduction de l'Inflammation : Des études suggèrent que le jeûne intermittent peut réduire les niveaux d'inflammation dans le corps, un facteur clé dans le développement de maladies chroniques associées au vieillissement.

- Amélioration de la Longévité Potentielle : Certains modèles animaux ont montré que le jeûne intermittent pouvait prolonger la durée de vie. Bien que des recherches supplémentaires soient nécessaires chez l'homme, ces résultats suggèrent un lien potentiel entre cette stratégie alimentaire et la longévité.

Mécanismes Métaboliques du Jeûne Intermittent

- Régulation de l'Insuline : Pendant les périodes de jeûne, les niveaux d'insuline baissent, ce qui favorise la mobilisation des graisses et réduit le risque d'insulino-résistance.

- Activation de l'AMPK : L'AMP-activated protein kinase (AMPK) est une enzyme impliquée dans la régulation de l'énergie cellulaire. Le jeûne intermittent peut activer l'AMPK, favorisant ainsi des processus métaboliques favorables à la longévité.

- Modulation des Gènes de Longévité : Des études sur des modèles animaux suggèrent que le jeûne intermittent peut influencer l'expression génique liée à la longévité.

Restreint Calorique : Manger Moins pour Vivre Plus Longtemps

Le restreint calorique consiste à réduire délibérément l'apport calorique tout en maintenant une nutrition adéquate. Cette approche montre des effets potentiels sur la longévité et la santé globale.

Bienfaits Potentiels du Restreint Calorique

- Augmentation de la Longévité : Des études menées sur divers organismes, y compris des primates, ont montré que le restreint calorique pouvait prolonger la durée de vie.

- Amélioration de la Sensibilité à l'Insuline : Comme dans le jeûne intermittent, le restreint calorique peut améliorer la sensibilité à l'insuline, contribuant ainsi à la prévention du diabète de type 2.

- Réduction de l'Inflammation : Le restreint calorique a été associé à une réduction de l'inflammation systémique, un facteur clé dans le processus de vieillissement.

- Protection contre les Maladies Liées à l'Âge : Des études ont suggéré que le restreint calorique pouvait réduire le risque de maladies liées à l'âge telles que les maladies cardiovasculaires et neurodégénératives.

Mécanismes Métaboliques du Restreint Calorique

- Activation de la Sirtuine : Les sirtuines sont des enzymes impliquées dans la régulation du métabolisme et de la longévité. Le restreint calorique peut activer les sirtuines, favorisant des processus cellulaires bénéfiques.

- Réduction de l'IGF-1 : Le facteur de croissance insuline-like (IGF-1) est associé à la croissance cellulaire. Le restreint calorique peut réduire les niveaux d'IGF-1, ce qui pourrait contribuer aux effets positifs sur la longévité.

- Réduction du Stress Oxydatif : Le restreint calorique peut réduire le stress oxydatif, contribuant ainsi à la préservation de la fonction cellulaire.

Alimentation et Microbiome : Lien Indissociable

Choix Alimentaires, Microbiome Intestinal et Longévité

- Impact des Choix Alimentaires sur le Microbiome : Les choix alimentaires modulent la composition et la diversité du microbiome. Une alimentation riche en fibres, en fruits, en légumes et en aliments fermentés favorise un microbiome diversifié et équilibré. D'un autre côté, une alimentation riche en sucres ajoutés, en graisses saturées et en aliments transformés peut altérer l'équilibre du microbiome, favorisant la croissance de certaines bactéries au détriment d'autres.

- Alimentation et Inflammation : Certains choix alimentaires peuvent contribuer à l'inflammation, un facteur clé dans de nombreuses maladies liées à l'âge. Une alimentation riche en antioxydants, présents dans les fruits et légumes, peut aider à réduire l'inflammation, tandis qu'une alimentation déséquilibrée peut exacerber ce processus.

- Microbiome et Métabolisme : Le microbiome joue un rôle dans la régulation du métabolisme. Des études suggèrent que des déséquilibres dans le microbiome pourraient contribuer à des problèmes métaboliques tels que l'obésité et le diabète de type 2. Certains choix alimentaires, comme ceux favorisant la croissance de bactéries bénéfiques, pourraient soutenir un métabolisme sain.

- Microbiome et Système Immunitaire : Le microbiome est étroitement lié à la fonction immunitaire. Un microbiome équilibré contribue au bon fonctionnement du système immunitaire, aidant à prévenir les infections et à réguler les réponses inflammatoires. Certains aliments, en particulier ceux riches en probiotiques et en prébiotiques, favorisent la santé immunitaire en nourrissant les bactéries bénéfiques.

- Microbiome et Système Nerveux : Certains choix alimentaires, en particulier ceux riches en prébiotiques, pourraient avoir des effets positifs sur la santé mentale en influençant la communication entre le cerveau et l'intestin.

Maintenir un Microbiome Équilibré pour la Santé Globale

Prévention des Maladies liées à l'Âge

Un microbiome équilibré joue un rôle dans la prévention de nombreuses maladies liées à l'âge, y compris les maladies cardiovasculaires, le diabète de type 2, les maladies inflammatoires chroniques et certaines formes de cancer. Les choix alimentaires qui favorisent la diversité du microbiome peuvent contribuer à la prévention de ces affections.

Optimisation de la Digestion et de l'Absorption des Nutriments

Un microbiome sain favorise une digestion efficace et une absorption optimale des nutriments. Certains microbes aident à décomposer les fibres et à produire des composés bénéfiques, tels que les vitamines B et les acides gras à chaîne courte, qui sont essentiels pour la santé.

Soutien à la Santé Immunitaire

La santé du microbiome est étroitement liée à la santé immunitaire. En nourrissant les bactéries bénéfiques par le biais de choix alimentaires appropriés, on peut renforcer le système immunitaire, ce qui est essentiel pour la prévention des infections et des maladies.

Gestion du Poids et Métabolisme Sain

Un microbiome équilibré peut contribuer à la gestion du poids et à un métabolisme sain. Certains microbes sont impliqués dans la régulation de l'appétit et de l'absorption des calories, ce qui peut avoir des implications importantes pour la prévention de l'obésité.

Équilibre Émotionnel et Santé Mentale

Les liens entre le microbiome et la santé mentale suggèrent que maintenir un équilibre adéquat peut également influencer positivement le bien-être émotionnel. Les aliments riches en prébiotiques, tels que certains types de fibres, peuvent favoriser la croissance de bactéries bénéfiques qui ont un impact sur le côlon cerveau-intestin.

Longévité et Qualité de Vie

En soutenant la santé globale, un microbiome équilibré peut contribuer à une vie plus longue et à une meilleure qualité de vie. Les effets positifs sur la prévention des maladies, la fonction immunitaire et métabolique, ainsi que la santé mentale, sont autant de facteurs qui influent sur la longévité.

Intégration Pratique dans le Quotidien

- Diversification des Aliments : Optez pour une alimentation variée, riche en fruits, légumes, grains entiers, légumineuses, noix et graines. La diversité des aliments favorise la diversité du microbiome.

- Favoriser les Aliments Probiotiques : Les aliments fermentés tels que le yaourt, le kéfir, la choucroute et le miso sont riches en probiotiques qui nourrissent les bactéries bénéfiques.

- Consommation de Prébiotiques : Les prébiotiques, présents dans les légumes, les fruits, les céréales complètes et les légumineuses, nourrissent les bactéries bénéfiques. Intégrez-les régulièrement dans votre alimentation.

- Limitation des Aliments Transformés : Les aliments transformés riches en sucres ajoutés, en graisses saturées et en additifs peuvent perturber l'équilibre du microbiome. Limitez leur consommation.

- Hydratation Adéquate : Une hydratation adéquate est cruciale pour la santé intestinale. Assurez-vous de boire suffisamment d'eau tout au long de la journée.

- Gestion du Stress : Le stress peut affecter négativement le microbiome. Adoptez des pratiques de gestion du stress telles que la méditation, le yoga ou la marche pour soutenir la santé mentale et intestinale.

La biotechnologie au service de l'alimentation

La biotechnologie, avec son potentiel révolutionnaire, s'est immiscée dans le domaine de l'alimentation, ouvrant la voie à des avancées qui transcendent les méthodes traditionnelles de production alimentaire.

Génie Génétique pour des Aliments Plus Nutritifs

Le génie génétique a transformé la façon dont nous percevons et produisons les aliments. Il offre la possibilité de modifier génétiquement des plantes et des animaux pour les rendre plus nutritifs et résistants aux maladies.

Génie Génétique pour la Fortification des Aliments

- Biofortification : Le génie génétique est utilisé pour augmenter la teneur en nutriments des cultures alimentaires de base. Par exemple, la biofortification peut viser à augmenter les niveaux de vitamines, de minéraux ou d'autres composés nutritifs essentiels dans les cultures telles que le riz, le blé, ou le maïs.

- Enrichissement en Acides Gras Essentiels : Certains organismes génétiquement modifiés (OGM) sont conçus pour produire des acides gras essentiels tels que les oméga-3. Cela peut être particulièrement important dans le contexte des régimes alimentaires où ces acides gras sont peu présents.

Voici quelques exemples spécifiques :

- Riz Doré (Golden Rice) : Le riz doré est un exemple emblématique de génie génétique pour renforcer la valeur nutritionnelle des aliments. Il a été modifié pour synthétiser du bêta-carotène, un précurseur de la vitamine A. Cette modification vise à lutter contre la carence en vitamine A, qui est prévalente dans de nombreuses régions où le riz est un aliment de base.

- Bananes Riches en Vitamine A : Des chercheurs ont développé des bananes génétiquement modifiées pour produire davantage de provitamine A, une substance qui se transforme en vitamine A dans le corps. Ces bananes sont conçues pour aider à combattre la carence en vitamine A, particulièrement répandue dans certaines régions d'Afrique.

- Blé à Faible Teneur en Gluten : Le gluten est un problème pour les personnes atteintes de la maladie cœliaque. Des scientifiques travaillent sur la modification génétique du blé pour réduire la teneur en gluten, offrant ainsi une alternative plus sûre pour les personnes souffrant de cette maladie.

- Lait Enrichi en Oméga-3 : Des chercheurs ont modifié génétiquement des vaches laitières pour produire du lait enrichi en acides gras oméga-3. Cette modification a pour objectif d'améliorer la qualité nutritionnelle du lait en augmentant la teneur en ces acides gras bénéfiques pour la santé.

- Tomates à Teneur Accrue en Antioxydants : Des tomates ont été génétiquement modifiées pour augmenter leur teneur en antioxydants tels que le lycopène. Ces antioxydants sont associés à divers bienfaits pour la santé, notamment la réduction du risque de maladies cardiovasculaires.

- Maïs Fortifié en Nutriments : Certains chercheurs travaillent sur la modification génétique du maïs pour augmenter sa teneur en nutriments tels que la vitamine C et les acides aminés essentiels. Cela vise à améliorer la valeur nutritionnelle du maïs, un aliment de base dans de nombreuses régions du monde.

Avantages du Génie Génétique pour des Aliments Plus Nutritifs

- Réduction des Carences Nutritionnelles : En fortifiant génétiquement les aliments, il est possible de réduire les carences nutritionnelles, en particulier dans les régions du monde où certaines populations dépendent fortement d'un petit nombre de cultures de base.

- Amélioration de la Qualité Nutritionnelle : Le génie génétique peut être utilisé pour augmenter la teneur en vitamines, en minéraux, et en autres nutriments, améliorant ainsi la qualité nutritionnelle des aliments.

- Résistance aux Maladies : Certains OGM sont conçus pour résister aux maladies, réduisant ainsi la nécessité d'utiliser des pesticides et contribuant à la production d'aliments plus sains.

- Augmentation de la Production Alimentaire : La modification génétique peut augmenter le rendement des cultures, ce qui est crucial pour répondre à la demande alimentaire croissante de la population mondiale.

Préoccupations Éthiques et Environnementales

La sécurité des aliments génétiquement modifiés est une préoccupation majeure. Les organismes modifiés peuvent potentiellement entraîner des réactions allergiques ou d'autres problèmes de santé. L'introduction d'OGM peut aussi avoir des implications sur la biodiversité en modifiant la composition génétique des plantes. Des préoccupations existent quant à la possibilité de création de "super mauvaises herbes" résistantes aux herbicides. Par ailleurs, la contamination génétique, où les gènes modifiés se propagent à des plantes non modifiées, est une préoccupation environnementale. Cela peut entraîner la perte de variétés traditionnelles et non modifiées. Finalement, Les préoccupations éthiques incluent le droit des consommateurs à être informés et à choisir s'ils souhaitent ou non consommer des aliments génétiquement modifiés. Certains estiment qu'il devrait y avoir une transparence totale dans l'étiquetage des OGM.

Aliments Fonctionnels et Biotechnologie

Les aliments fonctionnels, définis comme des aliments qui offrent des avantages pour la santé au-delà de leurs composants nutritionnels de base, ont connu un essor significatif grâce à la biotechnologie.

Aliments Fonctionnels

Les aliments fonctionnels vont au-delà de la simple nutrition, car ils contiennent des composés bioactifs bénéfiques pour la santé. Ces composés peuvent inclure des antioxydants, des probiotiques, des fibres solubles, des acides gras oméga-3, et d'autres ingrédients ayant des effets positifs sur le bien-être.

Exemples d'aliments fonctionnels :

- Yaourts Probiotiques : Contiennent des bactéries bénéfiques pour la santé intestinale.

- Huiles Fortifiées en Oméga-3 : Favorisent la santé cardiovasculaire.

- Aliments Antioxydants : Tels que les baies, le thé vert, qui aident à neutraliser les radicaux libres.

- Aliments à Teneur Réduite en Cholestérol : Contribuent à la santé cardiaque.

Techniques de Développement d'Aliments Fonctionnels

- Modification Génétique : La biotechnologie permet la modification génétique d'organismes, y compris des plantes et des animaux, pour produire des aliments riches en nutriments spécifiques ou des composés bioactifs.

- Techniques de Culture Cellulaire : L'utilisation de cultures cellulaires pour produire des composés spécifiques, comme des protéines ou des enzymes, qui peuvent être ajoutés aux aliments pour des avantages nutritionnels.

- Encapsulation d'Ingrédients Actifs : Les technologies d'encapsulation permettent d'enrober des composés actifs dans des microcapsules, protégeant ainsi leur intégrité jusqu'à la consommation et améliorant leur biodisponibilité.

- Utilisation de Microorganismes : L'introduction de microorganismes bénéfiques, tels que des probiotiques, dans les aliments pour promouvoir une santé intestinale optimale.

Avantages des Aliments Fonctionnels

- Personnalisation de la Nutrition : Les aliments fonctionnels développés grâce à la biotechnologie offrent la possibilité de personnaliser la nutrition en ciblant des besoins spécifiques, tels que la santé cardiaque, la santé intestinale, etc.

- Réponse aux Problèmes de Santé Publique : Les aliments fonctionnels peuvent être conçus pour aider à résoudre des problèmes de santé publique, comme les carences nutritionnelles ou les maladies liées au mode de vie.

- Augmentation de la Valeur Nutritionnelle : La biotechnologie peut être utilisée pour augmenter la teneur en nutriments des aliments, offrant ainsi une option plus nutritive dans le cadre d'un régime alimentaire équilibré.

- Amélioration de la Durée de Conservation : Certaines technologies, comme l'encapsulation, peuvent améliorer la durée de conservation des composés sensibles, assurant ainsi la stabilité des avantages nutritionnels.

Aliments Fortifiés vs. Aliments Fonctionnels

Bien que le génie génétique pour la fortification des aliments et les aliments fonctionnels partagent des objectifs similaires d'amélioration de la valeur nutritionnelle, il s'agit bien de deux concepts distincts. Le génie génétique pour la fortification des aliments se concentre spécifiquement sur la modification génétique pour augmenter les nutriments dans les aliments de base, tandis que les aliments fonctionnels peuvent englober une gamme plus large d'aliments qui offrent des avantages pour la santé, que cela soit atteint par des moyens génétiques, traditionnels ou par l'ajout d'ingrédients spécifiques. Les deux approches visent à améliorer la valeur nutritionnelle des aliments, mais les méthodes et les objectifs peuvent différer.

Réduction des Allergènes et Intolérances Alimentaires

La réduction des allergènes et des intolérances alimentaires constitue un domaine crucial de la recherche alimentaire, visant à améliorer la sécurité alimentaire pour les individus présentant des sensibilités particulières. Les avancées dans la biotechnologie, la recherche sur les ingrédients et les pratiques de fabrication alimentaire ont permis de développer des produits alimentaires plus sûrs et mieux adaptés aux besoins des personnes allergiques ou intolérantes.

Identification des Allergènes et Intolérances Alimentaires

Certains allergènes alimentaires courants comprennent le lait, les œufs, le soja, les noix, les arachides, le blé, le poisson et les crustacés. Les individus présentant des allergies alimentaires doivent éviter ces allergènes pour prévenir les réactions allergiques graves.

Les intolérances alimentaires, telles que l'intolérance au lactose ou au gluten, résultent d'une incapacité à digérer certains composés alimentaires. Bien que moins graves que les allergies, elles peuvent entraîner des symptômes inconfortables.

Biotechnologie pour la Réduction des Allergènes

- Modification Génétique : La biotechnologie peut être utilisée pour réduire la teneur en allergènes dans les cultures alimentaires, rendant ainsi les produits alimentaires moins susceptibles de provoquer des réactions allergiques.

- Utilisation d'Ingrédients de Substitution : La recherche sur les ingrédients permet le développement d'alternatives sûres aux allergènes courants, tels que des substituts d'œufs, de lait ou de farine sans gluten.

- Analyse et Étiquetage Améliorés : Les avancées dans les techniques d'analyse permettent une meilleure détection des allergènes potentiels, facilitant un étiquetage plus précis des produits alimentaires.

Avantages de la Réduction des Allergènes

La réduction des allergènes renforce la sécurité alimentaire en minimisant les risques de réactions allergiques graves. De plus, les produits alimentaires sans allergènes offrent aux personnes souffrant d'allergies ou d'intolérances alimentaires une plus grande variété d'options alimentaires. Les efforts pour réduire les allergènes stimulent l'innovation dans l'industrie alimentaire, incitant au développement de produits plus sûrs et plus adaptés.

Personnalisation de l'Alimentation grâce à la Génomique

La personnalisation de l'alimentation grâce à la génomique constitue une approche innovante qui utilise des informations génétiques individuelles pour adapter les recommandations alimentaires. Cette fusion entre la génomique et la nutrition offre la possibilité de comprendre comment les variations génétiques influent sur la réponse de chaque personne aux nutriments, ouvrant ainsi la voie à une alimentation plus personnalisée et ciblée.

Principes de la Personnalisation de l'Alimentation grâce à la Génomique

Chaque individu a un profil génétique unique qui influe sur la manière dont son corps réagit aux nutriments. La génomique étudie ces variations pour comprendre les besoins nutritionnels spécifiques. Certains gènes sont associés au métabolisme des nutriments, à la digestion, à l'absorption et à d'autres processus liés à la nutrition. La génomique permet d'identifier ces variations génétiques.

Applications Pratiques

La génomique peut aider à déterminer comment une personne métabolise certains nutriments tels que les glucides, les lipides, et les protéines, ce qui influence les recommandations alimentaires. De plus, l'analyse génomique peut aider à évaluer la prédisposition génétique à certaines maladies liées à l'alimentation, comme le diabète de type 2 ou les maladies cardiovasculaires. Finalement, la génomique peut fournir des informations sur la propension à certaines intolérances alimentaires, permettant ainsi d'ajuster le régime alimentaire en conséquence.

Avantages de la Personnalisation de l'Alimentation grâce à la Génomique

- Optimisation de la Nutrition : En comprenant les besoins nutritionnels spécifiques d'un individu, la personnalisation de l'alimentation peut contribuer à optimiser l'apport en nutriments essentiels.

- Prévention des Maladies : En identifiant les risques génétiques de maladies liées à l'alimentation, des stratégies alimentaires personnalisées peuvent contribuer à la prévention.

- Réponse Individuelle aux Régimes : Certains régimes peuvent être plus efficaces pour certaines personnes en fonction de leur profil génétique, améliorant ainsi les résultats.

Innovation dans les Substituts de Viande

Les substituts de viande sont des produits alimentaires conçus pour imiter les propriétés sensorielles, la texture et le goût de la viande traditionnelle, tout en étant généralement élaborés à partir de sources végétales.

Catégories de Substituts de Viande

- Substituts à Base de Plantes : Ces alternatives sont élaborées à partir de protéines végétales telles que le soja, le pois, le blé, le champignon, et d'autres ingrédients d'origine végétale. Les marques bien connues proposent des burgers, saucisses, boulettes et autres produits à base de plantes qui imitent la texture et le goût de la viande.

- Substituts à Base de Protéines Fongiques : Certains substituts de viande innovent en utilisant des protéines fongiques comme l'hydrolysate de champignon ou le mycélium. Ces produits visent à reproduire la texture fibreuse de la viande tout en offrant une alternative durable.

- Substituts à Base d'Insectes : Bien que moins répandus, certains substituts de viande intègrent des insectes tels que les criquets dans leur composition. Les insectes sont une source riche en protéines, nécessitent moins de ressources que l'élevage traditionnel, et sont considérés comme durables.

- Substituts à Base de Protéines Cellulaires : L'émergence de la technologie de culture cellulaire a conduit au développement de substituts de viande cultivés en laboratoire. Ces produits sont créés en cultivant des cellules animales pour produire de la viande sans nécessiter l'élevage d'animaux.

Avantages des Substituts de Viande

- Durabilité Environnementale : Les substituts de viande à base de plantes et d'autres sources alternatives sont souvent vantés pour leur empreinte environnementale réduite par rapport à l'élevage conventionnel. Ils nécessitent moins de terres, d'eau et génèrent moins de gaz à effet de serre.

- Bien-être Animal : L'utilisation de substituts de viande peut contribuer à réduire la dépendance envers l'élevage intensif, améliorant ainsi le bien-être animal en évitant l'abattage de masse et les conditions d'élevage inhumaines.

- Options pour les Régimes Spécifiques : Les substituts de viande offrent des options pour les personnes ayant des préférences alimentaires spécifiques, telles que les végétariens, les végétaliens et ceux qui cherchent à réduire leur consommation de viande pour des raisons de santé.

- Diversité des Saveurs et des Textures : Les progrès dans la technologie alimentaire ont permis aux substituts de viande d'offrir une diversité de saveurs et de textures, fournissant une expérience culinaire similaire à celle de la viande traditionnelle.

Défis et Considérations

Bien que les substituts de viande soient riches en protéines, certains peuvent contenir des quantités significatives de sodium, de graisses saturées ou d'autres additifs pour améliorer la saveur. De plus, certains substituts de viande, en particulier ceux à base de soja ou de gluten de blé, peuvent contenir des allergènes. Certains substituts de viande subissent aussi des processus de fabrication qui les rendent moins "naturels" que d'autres options. Certains consommateurs préfèrent des alternatives plus minimales sur le plan de la transformation.

Par ailleurs, l'acceptation des substituts de viande par le grand public est un facteur clé de leur succès à long terme. L'éducation des consommateurs sur les avantages nutritionnels, environnementaux et éthiques peut influencer positivement cette acceptation. Par ailleurs, l'adoption généralisée de substituts de viande peut avoir des implications culturelles, notamment dans les régions où la viande joue un rôle central dans la cuisine traditionnelle.

Perspectives sur la Longévité et la Santé

Ces avancées dans la biotechnologie alimentaire ne se limitent pas seulement à l'amélioration de la nutrition et de la santé ; elles ouvrent des perspectives sur la longévité en remodelant fondamentalement notre approche de l'alimentation.

- Réduction des Risques de Maladies Chroniques : En développant des aliments plus nutritifs, en réduisant les allergènes et en personnalisant l'alimentation, la biotechnologie contribue à la réduction des risques de maladies chroniques liées à l'alimentation.

- Soutien à la Santé Métabolique : Les innovations dans les aliments fonctionnels et la personnalisation de l'alimentation peuvent soutenir la santé métabolique, ce qui est crucial pour la prévention du diabète et de l'obésité.

- Transition vers une Alimentation Durable : Les substituts de viande produits par biotechnologie offrent une alternative durable à la production de viande conventionnelle, contribuant ainsi à la gestion des défis liés à la sécurité alimentaire mondiale et à l'impact environnemental.

Conclusion : Défis Étiques et Perspectives Futures

Défis Éthiques dans l'Alimentation pour la Longévité

Manipulation Génétique et Ingénierie Alimentaire

L'utilisation de la biotechnologie dans l'alimentation soulève des questions éthiques majeures, en particulier en ce qui concerne la manipulation génétique et l'ingénierie alimentaire. La modification génétique des cultures et des animaux peut avoir des implications inconnues sur la santé humaine et l'environnement. La transparence dans la communication de ces technologies, ainsi que la mise en place de réglementations strictes, sont essentielles pour équilibrer l'innovation avec la sécurité et l'éthique.

Inégalités d'Accès et de Distribution

Alors que des régimes spécifiques sont associés à la longévité, il est important de reconnaître les inégalités d'accès et de distribution qui existent dans le monde. Certaines populations n'ont pas la possibilité d'adopter des régimes alimentaires spécifiques en raison de contraintes économiques, géographiques ou culturelles. Les efforts doivent être déployés pour garantir que les avantages de la recherche sur l'alimentation et la longévité soient accessibles à tous, indépendamment de leur situation socio-économique.

Impacts Environnementaux de la Production Alimentaire

Les choix alimentaires pour la longévité peuvent avoir des répercussions importantes sur l'environnement, en particulier dans le contexte de la production alimentaire intensive. La surpêche, la déforestation et la surproduction agricole peuvent contribuer au changement climatique et à la perte de biodiversité. Trouver un équilibre entre des régimes alimentaires favorables à la longévité et une production alimentaire durable est un défi complexe qui nécessite une attention constante.

Perspectives Futures

Médecine Personnalisée et Génomique

L'évolution rapide de la génomique offre des perspectives passionnantes pour la médecine personnalisée et la nutrition. Comprendre les variations génétiques individuelles permettra de personnaliser davantage les recommandations alimentaires, tenant compte des besoins spécifiques de chaque personne. Cependant, cela soulève des questions sur la confidentialité des données génétiques et la nécessité d'une régulation adéquate pour éviter les abus.

Transition vers une Alimentation Durable

L'émergence de régimes alimentaires durables gagne en importance à mesure que la sensibilisation aux questions environnementales s'accroît. Les consommateurs cherchent des alternatives à la production de viande intensive, favorisant les protéines végétales et les substituts de viande. Cette transition vers une alimentation durable nécessitera des innovations continues dans la production alimentaire et une acceptation croissante de ces alternatives.

Intégration des Technologies de l'Information

Les progrès technologiques, tels que les applications de suivi nutritionnel, les capteurs alimentaires et les analyses de données massives, offrent de nouvelles possibilités pour comprendre et améliorer nos habitudes alimentaires. Cependant, cela soulève des préoccupations sur la confidentialité des données et l'utilisation responsable des informations personnelles. L'équilibre entre le potentiel de ces technologies et la protection de la vie privée sera un enjeu clé à l'avenir.

Les Enjeux Culturels et Sociaux

Maintien des Traditions Alimentaires

Alors que les tendances mondiales en matière d'alimentation évoluent, la préservation des traditions alimentaires devient cruciale. Les régimes associés à la longévité dans certaines cultures sont profondément ancrés dans des pratiques alimentaires spécifiques. Il est essentiel de respecter et de préserver ces traditions tout en explorant des innovations nutritionnelles.

Éducation Nutritionnelle

L'éducation nutritionnelle jouera un rôle de plus en plus important à mesure que la recherche sur la longévité progresse. Les individus doivent être informés des dernières découvertes en matière de nutrition, mais aussi être dotés des compétences nécessaires pour prendre des décisions alimentaires éclairées. Cela implique d'investir dans l'éducation nutritionnelle dès le plus jeune âge et de créer une culture de la compréhension et du respect de la nourriture en tant que pilier de la santé.

En conclusion, la balance entre l'innovation nutritionnelle, la durabilité environnementale, l'équité d'accès et la préservation des traditions culturelles est délicate mais cruciale. Alors que nous nous aventurons dans l'avenir, il est impératif de trouver des solutions éthiques et durables qui nous permettent de profiter des bienfaits de l'alimentation tout en respectant notre planète et en assurant une équité mondiale. En cultivant une conscience éthique collective, nous pouvons construire un avenir où la nutrition devient un catalyseur de santé, de bien-être et de longévité pour tous.

10

Défis et Perspectives Futures de la Biotechnologie Anti-Âge

Barrières Scientifiques : Comprendre les Limites Actuelles

Obstacles Scientifiques Majeurs

Complexité du Vieillissement

La complexité du processus de vieillissement reste l'une des principales barrières scientifiques. Le vieillissement est un phénomène multifactoriel impliquant une interaction complexe de facteurs génétiques, environnementaux et comportementaux. Comprendre ces interactions et les mécanismes sous-jacents exige une exploration approfondie, et même les scientifiques les plus éminents ne font que gratter la surface de cette complexité. Les cellules subissent des altérations progressives au fil du temps, et les mécanismes de régulation qui maintiennent l'intégrité cellulaire se détériorent. La sénescence cellulaire, les dommages à l'ADN, les altérations épigénétiques et les défaillances mitochondriales sont autant de facettes interconnectées qui rendent la recherche sur la vie éternelle extrêmement difficile.

Sénescence Cellulaire

La sénescence cellulaire, un processus par lequel les cellules perdent leur capacité à se diviser, joue un rôle central dans le vieillissement. Bien que la compréhension de la sénescence cellulaire se soit approfondie, trouver des moyens de ralentir ou d'inverser ce processus sans compromettre la fonction cellulaire normale reste un défi considérable. Les thérapies visant à éliminer les cellules sénescentes, appelées thérapies de sénolyse, ont montré des résultats prometteurs chez certains organismes, mais leur application chez l'homme nécessite une approche délicate pour éviter des conséquences indésirables.

Dommages à l'ADN

Les dommages à l'ADN s'accumulent au fil du temps en raison de divers facteurs tels que l'exposition aux radiations, aux produits chimiques et aux processus métaboliques normaux. Bien que des mécanismes de réparation de l'ADN soient en place, ils deviennent moins efficaces avec l'âge. La recherche sur la régénération ou la réparation de l'ADN endommagé nécessite des approches ciblées et spécifiques pour chaque type de lésion, ajoutant une couche de complexité supplémentaire à la quête de la vie éternelle.

Altérations Épigénétiques

Les altérations épigénétiques, qui modifient l'expression des gènes sans changer la séquence d'ADN, sont également impliquées dans le vieillissement. Comprendre comment inverser ces altérations de manière précise et ciblée constitue un autre défi majeur. L'utilisation de techniques de modification de l'épigénome pour rétablir un patron d'expression génique plus jeune est une piste de recherche prometteuse, mais elle nécessite une compréhension approfondie des conséquences potentielles et des mécanismes de contrôle.

Défaillances Mitochondriales

Les mitochondries, les centrales énergétiques des cellules, subissent des dommages au fil du temps, entraînant une diminution de la production d'énergie. Les tentatives visant à améliorer la fonction mitochondriale pourraient contribuer à atténuer les effets du vieillissement, mais le développement de stratégies sûres et efficaces reste un défi. La complexité des interactions entre les mitochondries et d'autres composants cellulaires nécessite une compréhension approfondie pour éviter des conséquences imprévues sur la biologie cellulaire.

Limites Actuelles de la Biotechnologie Anti-Âge

Thérapies Géniques et Cellulaires

Bien que les thérapies géniques et cellulaires aient ouvert de nouvelles perspectives dans la recherche anti-âge, leur application pratique est entravée par des défis majeurs. La livraison ciblée des thérapies géniques aux tissus spécifiques, la sécurité des interventions et la régulation précise de l'expression génique sont des obstacles qui nécessitent une attention continue. Les réponses immunitaires indésirables et les risques de mutations génétiques non intentionnelles posent des défis pour le développement de thérapies géniques sûres et efficaces.

Intelligence Artificielle dans la Recherche Anti-Âge

L'utilisation de l'intelligence artificielle pour analyser des ensembles de données massifs offre des avantages significatifs, mais elle est également confrontée à des limites. Les modèles d'IA sont aussi bons que les données sur lesquelles ils sont formés, et la complexité du vieillissement humain peut dépasser la capacité des algorithmes actuels à en saisir tous les aspects. L'interprétation des résultats générés par l'IA nécessite également une expertise humaine, soulignant la nécessité d'une collaboration étroite entre l'intelligence artificielle et les chercheurs spécialisés.

Approches Combinées

L'idée d'adopter des approches combinées, ciblant plusieurs aspects du vieillissement simultanément, est logique en théorie, mais sa mise en œuvre est complexe. Coordonner diverses thérapies pour maximiser les avantages tout en minimisant les risques nécessite une compréhension approfondie des interactions entre différentes interventions. Les essais cliniques pour évaluer l'efficacité et la sécurité de telles approches combinées sont souvent longs et coûteux, ajoutant une couche supplémentaire de complexité.

Limitations Liées aux Avancées Technologiques Actuelles

Longueur des Essais Cliniques

Les essais cliniques dans le domaine de la biotechnologie anti-âge nécessitent souvent des périodes prolongées pour évaluer l'efficacité et la sécurité des interventions. La longueur de ces essais peut retarder la mise sur le marché de nouvelles thérapies, ralentissant ainsi le rythme des progrès. Les coûts associés à la réalisation de ces essais et la nécessité d'un suivi à long terme ajoutent une complexité supplémentaire.

Sécurité et Effets Secondaires

La sécurité des interventions anti-âge reste une préoccupation majeure. Les thérapies qui modifient les mécanismes cellulaires ou génétiques peuvent avoir des effets secondaires inattendus, voire indésirables. La nécessité d'évaluer soigneusement la sécurité des interventions tout en maximisant leurs avantages représente un équilibre délicat.

Résistance Sociale et Culturelle

Les avancées technologiques en biotechnologie anti-âge peuvent être confrontées à une résistance sociale et culturelle. Les attitudes envers le vieillissement et la recherche sur la vie éternelle peuvent varier considérablement d'une société à l'autre. Convaincre le public de l'efficacité et de la sécurité de ces technologies peut être un défi, nécessitant des efforts de sensibilisation et d'éducation.

Complexités Éthiques de l'Immortalité Biotechnologique

Équité d'Accès

L'une des préoccupations éthiques centrales concerne l'équité d'accès aux interventions biotechnologiques visant à prolonger la vie. Si de telles technologies deviennent disponibles, il existe un risque de creuser davantage les disparités entre les riches et les pauvres. Les avantages potentiels de la vie éternelle pourraient être concentrés entre les mains d'une élite financière, générant des inégalités sociales et exacerbant les problèmes déjà présents dans les systèmes de soins de santé mondiaux.

Surdémographie et Ressources Limitées

La perspective d'une population mondiale vivant indéfiniment pose des défis éthiques liés à la surpopulation et à l'utilisation durable des ressources de la planète. Une augmentation drastique de la durée de vie pourrait entraîner une pression accrue sur les ressources naturelles, l'environnement et les systèmes socio-économiques existants. Gérer éthiquement une telle surpopulation nécessiterait des politiques et des pratiques équitables qui garantissent la durabilité globale.

Droit à la Mort

La possibilité de vivre éternellement soulève la question fondamentale du droit à la mort. Le droit de mettre fin à sa propre vie, un principe central dans de nombreuses sociétés, pourrait être compromis par la recherche sur la vie éternelle. Le respect de l'autonomie individuelle et du libre arbitre doit être soigneusement équilibré avec le potentiel de pressions sociales ou familiales qui pourraient découler de la décision de mettre fin à une vie éternelle.

Qualité de Vie

Au-delà de la simple prolongation de la vie, la recherche sur la vie éternelle soulève des questions éthiques concernant la qualité de cette vie prolongée. Si la vie éternelle est associée à une détérioration continue de la qualité de vie, cela peut remettre en question la justification éthique de la recherche. Assurer une vie prolongée en bonne santé et pleine de sens devient alors une priorité éthique.

Intimité et Confidentialité

L'utilisation de technologies biotechnologiques pour prolonger la vie peut impliquer la collecte et le stockage massifs de données génétiques et médicales. Cela soulève des préoccupations majeures en matière de vie privée et de confidentialité. Qui a accès à ces informations ? Comment sont-elles utilisées ? La nécessité de protéger les données génétiques des individus contre une utilisation abusive ou des discriminations devient cruciale.

La Quête de l'Immortalité

La recherche sur la vie éternelle soulève des questions profondes sur la quête de l'immortalité elle-même. Les implications morales d'une telle recherche incluent la remise en question des limites naturelles de la vie, la redéfinition de la notion de mortalité et la possibilité d'une élite vivant éternellement, ce qui pourrait conduire à des dynamiques de pouvoir injustes.

Conséquences Inattendues et Effets Secondaires

Les interventions biotechnologiques peuvent avoir des conséquences inattendues et des effets secondaires imprévus. Les dilemmes moraux surgissent lorsque les bienfaits potentiels de la vie éternelle sont contrebalancés par des risques inconnus pour la santé, créant une tension entre le désir d'améliorer la vie humaine et la nécessité de minimiser les effets néfastes.

Questions Religieuses et Éthiques Fondamentales

La recherche sur la vie éternelle soulève des questions qui touchent à des convictions religieuses et éthiques fondamentales. Certains peuvent considérer la vie éternelle comme une tentative humaine de s'élever au-dessus des lois naturelles ou des desseins divins. La compatibilité de ces aspirations avec des convictions spirituelles devient une question cruciale de coexistence éthique.

Responsabilité envers les Générations Futures

La recherche sur la vie éternelle pose la question de la responsabilité envers les générations futures. Les scientifiques et les décideurs doivent peser les bénéfices potentiels pour les générations actuelles contre les conséquences à long terme pour les générations à venir. Cette responsabilité éthique s'étend à la gestion des ressources et de l'environnement dans un contexte de vie éternelle.

Impact sur les Relations Interpersonnelles

La vie éternelle pourrait influencer considérablement les relations interpersonnelles, y compris les relations familiales, amoureuses et amicales. La perspective de vivre éternellement pourrait créer des tensions sociales, des déséquilibres de pouvoir et des changements fondamentaux dans la dynamique des relations humaines. La gestion éthique de ces changements devient impérative.

Coûts et Accessibilité : Barrières Socio-Économiques

Implications Économiques de la Biotechnologie Anti-Âge

Coûts de Recherche et de Développement

Le processus de recherche et de développement en biotechnologie anti-âge implique des coûts considérables. Des investissements massifs sont nécessaires pour financer les études fondamentales, les essais cliniques et les avancées technologiques nécessaires à la mise au point de nouvelles thérapies anti-âge. Ces coûts élevés sont souvent assumés par des entreprises pharmaceutiques, des institutions de recherche et des startups, ce qui peut influencer le coût final des traitements.

Coûts de Production et de Fabrication

Une fois que des interventions anti-âge ont été développées, les coûts de production et de fabrication peuvent également être substantiels. Des technologies avancées, des équipements spécialisés et des processus de fabrication sophistiqués peuvent contribuer à des coûts élevés, ce qui se répercute sur le prix final des traitements anti-âge.

Essais Cliniques à Long Terme

Les essais cliniques nécessaires pour évaluer l'efficacité et la sécurité des interventions anti-âge peuvent s'étendre sur de nombreuses années. Les coûts associés à la gestion de ces essais sur le long terme, y compris les coûts de suivi des participants, peuvent être prohibitifs. Ces coûts supplémentaires peuvent être intégrés dans le coût global des traitements anti-âge.

Coûts de Commercialisation et de Marketing

La commercialisation et la promotion des nouvelles interventions anti-âge peuvent également être une source de coûts significatifs. Les efforts de marketing visant à sensibiliser les professionnels de la santé et le grand public, ainsi que la création d'une demande pour ces traitements, peuvent influencer le coût final pour les consommateurs.

Coûts Indirects pour les Professionnels de la Santé

Les professionnels de la santé, tels que les médecins et les spécialistes, peuvent également être confrontés à des coûts indirects liés à la formation continue et à l'acquisition de compétences spécifiques pour administrer les nouvelles interventions anti-âge. Ces coûts peuvent se refléter dans le prix des services médicaux liés à la biotechnologie anti-âge.

Inégalités Potentielles d'Accès

Inégalités Socio-Économiques

Les coûts élevés associés à la biotechnologie anti-âge créent naturellement des inégalités socio-économiques. Les individus ou les familles avec des revenus plus élevés auront plus de facilité à accéder à ces traitements, tandis que ceux avec des revenus plus modestes pourraient se voir exclure de ces opportunités. Cela risque de renforcer les inégalités existantes en matière de santé.

Accès Géographique

Les disparités économiques peuvent également se traduire par des inégalités géographiques dans l'accès à la biotechnologie anti-âge. Les régions du monde avec des ressources économiques plus limitées pourraient avoir un accès restreint à ces technologies, créant ainsi des écarts entre les populations des pays développés et ceux en développement.

Inégalités Liées à l'Âge

Les inégalités d'accès ne se limitent pas seulement à la situation économique actuelle d'un individu. Il existe également des préoccupations quant à la création de nouvelles inégalités basées sur l'âge. Les personnes plus jeunes, plus susceptibles de financer des traitements anti-âge, pourraient avoir un accès privilégié par rapport à des individus plus âgés qui pourraient ne pas être en mesure de supporter financièrement ces interventions.

Inégalités dans le Monde du Travail

L'accès à la biotechnologie anti-âge pourrait également créer des inégalités dans le monde du travail. Les individus qui ont recours à ces interventions pour prolonger leur vie active pourraient maintenir une participation prolongée au marché du travail, laissant potentiellement moins d'opportunités pour les jeunes générations d'entrer sur le marché du travail.

Défis dans les Systèmes de Santé Publique

Les systèmes de santé publique pourraient être confrontés à des défis importants pour intégrer la biotechnologie anti-âge de manière équitable. Les priorités budgétaires, la disponibilité de ressources et la pression sur les systèmes de santé existants peuvent entraîner des disparités dans l'accès à ces technologies entre différents groupes de la population.

Atténuation des Inégalités et Solutions Possibles

Recherche de Subventions et de Financements Publics

L'investissement public dans la recherche et le développement en biotechnologie anti-âge peut contribuer à réduire les coûts initiaux et à rendre ces technologies plus accessibles. Les subventions, les financements publics et les incitations fiscales peuvent encourager les initiatives qui visent à rendre ces traitements plus abordables.

Partenariats Public-Privé

Les partenariats entre les secteurs public et privé peuvent favoriser la collaboration pour rendre les technologies anti-âge plus accessibles. Cela pourrait impliquer des accords visant à fixer des prix abordables, à étendre l'accès aux populations défavorisées et à soutenir des programmes éducatifs sur la santé.

Éducation et Sensibilisation

Investir dans l'éducation et la sensibilisation du public sur la biotechnologie anti-âge peut contribuer à éliminer les disparités liées à la connaissance et à l'accès. Une meilleure compréhension des avantages et des risques peut encourager la demande pour ces traitements et favoriser un accès équitable.

Modèles Économiques Innovants

L'exploration de modèles économiques innovants, tels que des plans de paiement échelonné, des assurances spécifiques ou des contrats à long terme, peut aider à rendre les traitements anti-âge plus accessibles. Ces approches peuvent répartir les coûts sur une période plus longue, rendant ainsi les interventions plus abordables pour un plus grand nombre de personnes.

Collaboration Internationale

La collaboration internationale peut jouer un rôle crucial dans la réduction des inégalités d'accès. Les initiatives de partage des connaissances, de transfert de technologies et de coopération entre les nations peuvent contribuer à élargir l'accès à la biotechnologie anti-âge à l'échelle mondiale.

Avenir de la Biotechnologie Anti-Âge

Développements Futurs Anticipés

Thérapies Géniques Personnalisées

L'une des avancées les plus prometteuses dans la biotechnologie anti-âge est l'émergence de thérapies géniques personnalisées. Plutôt que d'adopter une approche universelle, ces thérapies sont conçues pour cibler des facteurs spécifiques liés au vieillissement de chaque individu. En utilisant des informations génétiques, les thérapies géniques peuvent être adaptées pour traiter les altérations spécifiques dans le code génétique de chaque patient, ouvrant la voie à des interventions plus précises et efficaces.

Régénération Tissulaire Avancée

Les développements futurs de la biotechnologie anti-âge pourraient voir l'avènement de techniques de régénération tissulaire encore plus avancées. Des approches telles que l'ingénierie tissulaire et l'utilisation de cellules souches pourraient permettre la régénération de tissus endommagés ou vieillissants, offrant ainsi des solutions pour traiter les maladies liées au vieillissement et favoriser une meilleure qualité de vie.

Intelligence Artificielle et Médecine Personnalisée

L'intelligence artificielle (IA) devrait jouer un rôle croissant dans l'avenir de la biotechnologie anti-âge. Les modèles d'IA pourraient analyser de vastes ensembles de données, y compris des profils génétiques, des données médicales et des informations sur le mode de vie, pour élaborer des stratégies personnalisées de lutte contre le vieillissement. Cela pourrait inclure des recommandations pour des changements de mode de vie spécifiques, des régimes alimentaires adaptés et des interventions médicales sur mesure.

Approches Combinées et Holistiques

L'avenir de la biotechnologie anti-âge pourrait être façonné par des approches combinées et holistiques qui ciblent plusieurs aspects du vieillissement simultanément. Des combinaisons de thérapies géniques, de régénération tissulaire, d'interventions métaboliques et de stratégies de médecine personnalisée pourraient être développées pour aborder de manière intégrée les multiples facteurs contribuant au processus de vieillissement.

Développement de Biomarqueurs Précoces

L'identification de biomarqueurs précoces du vieillissement pourrait révolutionner la prévention et le traitement des maladies liées à l'âge. Les avancées dans la recherche sur les biomarqueurs pourraient permettre un diagnostic précoce des processus de vieillissement, ouvrant la voie à des interventions précoces et plus efficaces pour ralentir ou inverser ces processus.

Innovations Technologiques pour Surmonter les Défis Actuels

Avancées dans la Livraison de Thérapies Géniques

L'un des défis actuels de la biotechnologie anti-âge réside dans la livraison précise et sûre des thérapies géniques. Les innovations technologiques futures pourraient résoudre ces défis en développant des vecteurs de livraison plus sophistiqués, capables de cibler spécifiquement les cellules concernées et de minimiser les effets indésirables.

Optimisation des Techniques de Régénération Cellulaire

Les techniques de régénération cellulaire, bien que prometteuses, présentent des défis en termes de contrôle précis de la différenciation cellulaire et de l'intégration réussie des cellules régénérées dans les tissus existants. Les futures innovations pourraient se concentrer sur l'optimisation de ces techniques, en développant des méthodes pour guider de manière plus précise la différenciation cellulaire et assurer une intégration fonctionnelle dans les tissus hôtes.

Évolution des Plateformes d'IA

Les plateformes d'IA devraient évoluer pour devenir plus sophistiquées et capables de traiter des ensembles de données encore plus vastes et complexes. Les algorithmes d'apprentissage automatique pourraient être affinés pour identifier des corrélations subtiles et des modèles dans les données, fournissant ainsi des informations plus précises sur les stratégies anti-âge personnalisées.

Intégration de la Médecine Préventive

L'avenir de la biotechnologie anti-âge pourrait également être caractérisé par une intégration plus étroite de la médecine préventive. Les avancées technologiques pourraient faciliter la surveillance continue de la santé, l'identification précoce des facteurs de risque liés au vieillissement et la mise en œuvre de mesures préventives avant même l'apparition de maladies liées à l'âge.

Éducation et Sensibilisation

Une innovation essentielle pour surmonter les défis actuels réside dans l'éducation et la sensibilisation continues. Les progrès technologiques doivent être accompagnés d'efforts pour informer le public sur les avantages potentiels, les risques et les implications éthiques de la biotechnologie anti-âge. Une compréhension accrue peut favoriser un soutien public et une acceptation accrue de ces technologies.

Biotechnologie et Qualité de Vie

Biotechnologie et Amélioration de la Qualité de Vie

Ralentissement du Vieillissement

L'une des avancées les plus prometteuses de la biotechnologie est son potentiel à ralentir les processus de vieillissement. Comprendre les mécanismes cellulaires et moléculaires du vieillissement permet aux chercheurs de développer des thérapies qui atténuent les effets du temps sur le corps. Des interventions telles que la thérapie génique et les médicaments anti-âge ciblent les processus de dégradation, offrant ainsi la possibilité de ralentir le vieillissement et d'améliorer la qualité de vie à long terme.

Prévention des Maladies Liées à l'Âge

La biotechnologie ouvre des portes pour prévenir efficacement les maladies liées à l'âge. En comprenant les mécanismes sous-jacents à des conditions telles que le cancer, les maladies cardiovasculaires et les troubles neurodégénératifs, la biotechnologie permet le développement de thérapies préventives. La détection précoce, les traitements ciblés et les approches de médecine préventive peuvent contribuer à réduire l'impact de ces maladies, améliorant ainsi la qualité de vie des individus à mesure qu'ils vieillissent.

Régénération Tissulaire et Organe Artificiel

Une des percées les plus excitantes de la biotechnologie est la capacité à régénérer les tissus endommagés. L'ingénierie tissulaire et l'utilisation de cellules souches offrent la possibilité de régénérer des organes et des tissus défaillants. Des organes artificiels créés en laboratoire peuvent également offrir des solutions de remplacement. Ces avancées ont le potentiel de réduire les limitations fonctionnelles liées à l'âge et d'optimiser la qualité de vie des individus.

Thérapies Géniques Personnalisées

La biotechnologie permet la personnalisation des thérapies en fonction du profil génétique individuel. Les thérapies géniques personnalisées peuvent cibler spécifiquement les variations génétiques qui influent sur le vieillissement et les maladies associées. Cette personnalisation accrue améliore l'efficacité des traitements tout en minimisant les effets secondaires, ouvrant ainsi la voie à une amélioration significative de la qualité de vie.

Optimisation de la Santé Métabolique

Les avancées en biotechnologie permettent d'optimiser la santé métabolique, un élément crucial de la qualité de vie. La régulation des processus métaboliques, l'amélioration de la sensibilité à l'insuline et la gestion des problèmes métaboliques liés à l'âge peuvent contribuer à maintenir un poids corporel sain, à prévenir le diabète de type 2 et à favoriser une énergie durable.

Renforcement du Système Immunitaire

Une autre frontière importante est le renforcement du système immunitaire grâce à la biotechnologie. Des approches telles que la thérapie cellulaire, l'immunothérapie et la modulation génétique peuvent renforcer la capacité du corps à lutter contre les infections, réduisant ainsi le risque de maladies liées à l'âge et améliorant la qualité de vie globale.

Prolonger la Durée de Vie en Préservant la Vitalité

Interventions Anti-Âge Holistiques

Les avancées médicales ne se limitent pas simplement à prolonger la durée de vie, mais cherchent également à préserver la vitalité. Les interventions anti-âge holistiques abordent non seulement les aspects physiques, mais aussi les aspects psychologiques et sociaux du vieillissement. Des programmes complets incluent des régimes alimentaires adaptés, des exercices physiques, des activités cognitives stimulantes et des pratiques sociales pour assurer une vie pleine de vitalité.

Thérapies Neuroprotectrices

Les maladies neurodégénératives, telles que la maladie d'Alzheimer, représentent un défi majeur lié au vieillissement. Les thérapies neuroprotectrices visent à préserver la santé du cerveau et à prévenir le déclin cognitif. Des approches telles que la stimulation cérébrale profonde, les médicaments neuroprotecteurs et les interventions génétiques peuvent jouer un rôle dans le maintien de la vitalité mentale à mesure que la durée de vie augmente.

Optimisation de la Fonction Cardiovasculaire

Le cœur est au centre de la vitalité, et les avancées médicales cherchent à optimiser la fonction cardiovasculaire. Des traitements visant à prévenir les maladies cardiaques, à améliorer la circulation sanguine et à maintenir la force du muscle cardiaque peuvent contribuer à une vie active et énergique à un âge avancé.

Intégration de la Technologie dans les Soins de Santé

L'intégration de la technologie dans les soins de santé ouvre la voie à une gestion proactive de la santé. Des dispositifs de surveillance à domicile, des applications de santé connectée et des outils de télémédecine permettent un suivi continu de la santé, permettant une intervention précoce en cas de problèmes émergents, et contribuent ainsi à préserver la vitalité.

Promotion de la Santé Mentale

La biotechnologie n'oublie pas l'importance de la santé mentale. Des traitements novateurs tels que la thérapie génique pour les troubles psychiatriques, l'utilisation de médicaments neurotrophiques et la stimulation cérébrale non invasive peuvent contribuer à maintenir une santé mentale optimale, favorisant une vitalité globale.

Conclusion : Équilibre Entre Aspiration et Réalité

La recherche en biotechnologie anti-âge, avec ses promesses intrigantes et ses défis complexes, nous invite à réfléchir sur l'équilibre délicat entre nos aspirations pour une vie plus longue et en meilleure santé, et les réalités incontournables du progrès scientifique et des implications éthiques qui en découlent.

Synthèse des Défis Actuels

Barrières Scientifiques

La complexité intrinsèque du processus de vieillissement, avec ses multiples facteurs génétiques, environnementaux et épigénétiques, présente un défi majeur pour les chercheurs en biotechnologie anti-âge. Bien que des avancées significatives aient été réalisées, comprendre pleinement et influencer de manière contrôlée ces mécanismes reste un défi scientifique majeur.

Complexités Éthiques

La manipulation de la durée de vie soulève des questions éthiques fondamentales, notamment autour de la justice sociale, de l'accès équitable aux avancées, de la confidentialité génétique et des conséquences sur la qualité de vie. Les dilemmes moraux associés à la recherche sur la vie éternelle appellent à une réflexion approfondie sur la manière dont ces avancées peuvent être mises en œuvre de manière éthique et équitable.

Défis Technologiques

Les défis technologiques, tels que la livraison précise de thérapies géniques, le contrôle de la régénération tissulaire et le développement de biomarqueurs précoces, représentent des obstacles concrets dans la traduction des découvertes scientifiques en applications cliniques. Les avancées technologiques sont essentielles pour surmonter ces défis et concrétiser les promesses de la biotechnologie anti-âge.

Coûts et Accessibilité

Les coûts élevés associés aux technologies anti-âge soulèvent des préoccupations majeures quant à l'équité d'accès. Les inégalités économiques pourraient conduire à une disparité dans la possibilité de bénéficier de ces avancées, créant ainsi des inégalités sociales profondes.

Perspectives Futures et Avancées Médicales

Thérapies Géniques Personnalisées

Les développements futurs pourraient voir l'avènement de thérapies géniques encore plus personnalisées, ciblant spécifiquement les variations génétiques liées au vieillissement de chaque individu. Cette personnalisation accrue améliorerait l'efficacité des traitements et minimiserait les effets secondaires.

Régénération Tissulaire Avancée

Des avancées dans l'ingénierie tissulaire pourraient permettre la régénération de tissus encore plus complexes, allant au-delà des applications actuelles. La création de structures organiques fonctionnelles en laboratoire pourrait révolutionner la médecine régénérative et lutter contre les effets débilitants du vieillissement.

Intelligence Artificielle et Médecine Personnalisée

L'évolution des technologies d'intelligence artificielle pourrait améliorer la médecine personnalisée en analysant des ensembles de données massifs pour formuler des recommandations de traitement sur mesure. Cette approche pourrait révolutionner la prévention en identifiant les risques potentiels avant même l'apparition des symptômes.

Optimisation des Techniques de Régénération Cellulaire

L'optimisation des techniques de régénération cellulaire pourrait permettre un contrôle plus précis de la différenciation cellulaire, améliorant ainsi l'intégration des cellules régénérées dans les tissus existants. Ces avancées pourraient ouvrir de nouvelles perspectives dans la lutte contre le vieillissement.

Implications Éthiques Cruciales

Équité d'Accès

L'équité d'accès aux avancées en biotechnologie anti-âge doit être au cœur des préoccupations. Les inégalités économiques ne doivent pas entraîner une division entre ceux qui peuvent se permettre ces traitements et ceux qui ne le peuvent pas.

Confidentialité Génétique

La confidentialité génétique est une préoccupation éthique majeure, car la manipulation génétique soulève des questions sur la protection des informations sensibles. Des protocoles stricts doivent être en place pour assurer la confidentialité des données génétiques des individus.

Conséquences Sociales et Culturelles

Les conséquences sociales et culturelles des avancées en biotechnologie anti-âge doivent être anticipées. Des discussions approfondies sur la manière dont ces avancées modifient notre compréhension de la vie, de la mort et de la valeur de l'existence doivent être encouragées.

Conclusion

La biotechnologie anti-âge offre un potentiel révolutionnaire pour remodeler la manière dont nous vieillissons et redéfinir nos limites biologiques. Cependant, l'aspiration à la vie éternelle et à une santé parfaite doit être équilibrée par une réalité ancrée dans des considérations éthiques, sociales et scientifiques.

11

Concepts Futuristes dans la Recherche d'Immortalité

Introduction

Dans la quête incessante de l'humanité pour défier les limites temporelles et explorer les frontières de la condition humaine, des idées innovantes et futuristes émergent, offrant des perspectives surprenantes dans la recherche de l'immortalité. Ces concepts redéfinissent notre compréhension de la vie et soulèvent des questions cruciales sur les limites intrinsèques de l'existence humaine. Plongeons dans un monde où la science, la technologie, et la philosophie convergent pour repousser les frontières du temps et explorer les possibilités fascinantes de l'immortalité.

Manipulation Génétique Avancée

La vision de manipulations génétiques avancées capable d'arrêter le processus de vieillissement représente une perspective futuriste passionnante et complexe. Dans cette exploration spéculative, nous plongeons dans des idées complètement futuristes de manipulation génétique, envisageant des scénarios radicaux où la science et la technologie transcendent les limites actuelles de notre compréhension du vieillissement.

Édition Génique à la Source : La Quête de l'Immortalité Génétique

Correction des Horloges Biologiques

Dans cette vision futuriste, la manipulation génétique avancée pourrait intervenir à la source même du vieillissement en corrigeant les horloges biologiques internes des cellules. Au lieu de simplement ralentir le processus, les scientifiques chercheraient à réinitialiser les compteurs moléculaires qui régulent le vieillissement cellulaire, offrant ainsi la possibilité théorique d'une immortalité génétique.

Élimination des Limites de la Division Cellulaire

Une approche plus radicale pourrait impliquer l'élimination des limites de la division cellulaire, permettant aux cellules de se diviser indéfiniment sans subir les dégâts accumulés typiques du vieillissement. Cela évoque des images de régénération continue et de renouvellement perpétuel, redéfinissant complètement notre compréhension de la biologie cellulaire.

Contrôle Précis de l'Expression Génique

Dans cette vision futuristique, les technologies de modification génétique hypothétiques permettraient un contrôle extrêmement précis de l'expression génique. Plutôt que de simplement corriger des mutations spécifiques, ces technologies pourraient influencer activement la manière dont les gènes sont exprimés tout au long de la vie, favorisant des profils génétiques associés à la jeunesse et à la santé.

Réparation Génique Complète

Une autre technologie hypothétique serait la capacité à effectuer une réparation génique complète. Cela impliquerait non seulement la correction de mutations existantes, mais également la capacité de restaurer l'intégrité de l'ADN endommagé au fil du temps. Une telle technologie pourrait éliminer l'accumulation de mutations liées au vieillissement, contribuant ainsi à maintenir la stabilité génétique.

Régénération Cellulaire Avancée

Les technologies hypothétiques pourraient également viser à une régénération cellulaire avancée. Au lieu de simplement ralentir la détérioration des cellules, ces technologies pourraient stimuler activement la régénération des tissus et des organes, permettant ainsi de remplacer les cellules vieillissantes par des cellules jeunes et fonctionnelles.

Réinitialisation Épigénétique

La réinitialisation épigénétique représente une approche novatrice dans la manipulation génétique pour le rajeunissement. Elle vise à effacer ou réinitialiser les marques épigénétiques associées au vieillissement, permettant ainsi une expression génique plus jeune et la restauration de la fonction cellulaire.

Intégration de Nanorobots et de Biotechnologies Avancées

Nanorobots Réparateurs dans le Corps

Une idée futuriste captivante implique l'intégration de nanorobots réparateurs directement dans le corps humain. Ces nanorobots, opérant à l'échelle moléculaire, seraient programmés pour patrouiller dans le corps, réparer les dommages cellulaires, éliminer les cellules sénescentes et maintenir un état de santé optimal en temps réel.

Fusion Homme-Machine pour Contrôler le Vieillissement

Une approche encore plus futuriste pourrait impliquer une fusion homme-machine, où des technologies avancées, telles que des interfaces cerveau-ordinateur et des implants biotechnologiques, permettraient un contrôle direct sur les processus biologiques internes. Les individus pourraient réguler leurs propres fonctions cellulaires, modifiant leur génome à la demande pour contrer les effets du vieillissement.

Réécriture Complète du Génome pour la Jeunesse Éternelle

Réécriture Synthétique du Génome

Une idée futuriste audacieuse implique la réécriture complète du génome humain de manière synthétique. Les scientifiques pourraient concevoir un génome optimisé pour la jeunesse éternelle, éliminant les gènes associés au vieillissement et introduisant des séquences génétiques favorables à la longévité.

Cette approche théorique permettrait une transformation radicale de la biologie humaine.

Création d'une Nouvelle Forme de Vie Immortelle

Dans cette vision futuriste, la manipulation génétique pourrait aller au-delà de la simple amélioration humaine pour créer une nouvelle forme de vie immortelle. En concevant un génome entièrement nouveau, débarrassé des limitations biologiques traditionnelles, les scientifiques pourraient théoriquement inaugurer une ère où la vie ne connaît pas la dégénérescence associée au vieillissement.

Intelligence Artificielle et Apprentissage Continu pour Contrer le Vieillissement

Symbiose avec une Intelligence Artificielle

Une approche futuriste pourrait impliquer une symbiose entre l'homme et l'intelligence artificielle (IA). Des algorithmes sophistiqués et des systèmes d'apprentissage continu pourraient surveiller et ajuster en permanence les processus biologiques internes, adaptant la réponse du corps au vieillissement en temps réel.

Fusion Homme-IA pour Prédire et Prévenir le Vieillissement

Une vision encore plus avancée pourrait voir la fusion complète entre l'homme et l'IA, permettant la prédiction et la prévention anticipée des mécanismes de vieillissement. Des systèmes d'IA pourraient analyser en permanence les données génétiques, les signaux physiologiques et les facteurs environnementaux, offrant une intervention proactive pour maintenir la jeunesse et la santé.

Intégration de la Technologie et du Corps Humain

La convergence de la technologie et du corps humain ouvre des horizons futuristes fascinants, notamment dans la recherche de l'immortalité. Cette exploration examine des idées complètement futuristes sur l'intégration de la technologie et du corps humain, mettant l'accent sur des scénarios où la biotechnologie permet une fusion étroite et novatrice entre l'homme et la machine. Nous analyserons également les augmentations cognitives et physiques qui pourraient découler de cette intégration, explorant ainsi un avenir où la frontière entre la biologie et la technologie devient de plus en plus floue.

Fusion Avancée de la Biotechnologie et du Corps Humain

Nanotechnologie pour la Réparation Cellulaire

Dans ce scénario futuriste, la nanotechnologie serait déployée pour des réparations cellulaires précises. Des nanorobots circuleraient dans le système circulatoire, détectant et corrigeant les anomalies au niveau cellulaire, prolongeant ainsi la durée de vie des cellules et retardant les effets du vieillissement.

Bioingénierie pour l'Optimisation Physiologique

La bioingénierie serait utilisée pour optimiser les fonctions physiologiques du corps humain. Des organes artificiels, créés avec des matériaux biocompatibles et dotés de fonctionnalités améliorées, pourraient être intégrés pour remplacer les organes défaillants ou augmenter les performances biologiques, contribuant ainsi à la quête de l'immortalité.

Augmentations Cognitives : Expansion de la Puissance Mentale

Interfaces Cerveau-Ordinateur Avancées

L'intégration de la technologie dans le cerveau serait poussée à l'extrême avec des interfaces cerveau-ordinateur avancées. Ces interfaces permettraient une connexion directe entre le cerveau humain et des systèmes informatiques, ouvrant la voie à une expansion considérable de la puissance mentale.

Amélioration de la Mémoire et des Capacités Intellectuelles

La biotechnologie pourrait être exploitée pour améliorer la mémoire humaine et les capacités intellectuelles. Des implants neuronaux ou des dispositifs nanotechnologiques pourraient être utilisés pour renforcer la plasticité cérébrale, accélérant l'apprentissage et la rétention des informations.

Augmentations Physiques : Réalisation du Corps Augmenté

Prothèses Bioniques Avancées

Dans cette perspective futuriste, des prothèses bioniques avancées pourraient transcender les capacités du corps humain. Des membres artificiels équipés de capteurs et de moteurs de pointe permettraient une mobilité et une force supérieures, tandis que des capteurs sensoriels intégrés fourniraient une expérience sensorielle inédite.

Muscles et Os Renforcés par la Nanotechnologie

La nanotechnologie pourrait être utilisée pour renforcer les tissus musculaires et osseux, améliorant ainsi la résistance physique et la durabilité du corps. Des nanostructures biomimétiques pourraient être intégrées pour imiter et amplifier les mécanismes naturels du corps, repoussant ainsi les limites de la force physique.

Remplacement Progressif d'Organes par des Versions Améliorées

Dans un scénario futuriste, la recherche de l'immortalité pourrait impliquer le remplacement progressif d'organes biologiques par des versions artificielles améliorées. Ces organes artificiels ne seraient pas seulement conçus pour prolonger la vie, mais aussi pour améliorer les fonctions physiologiques, créant ainsi une version améliorée du corps humain.

Implications Philosophiques et Éthiques de l'Intégration Homme-Machine

Redéfinition de l'Identité et de l'Humanité

Ces scénarios futuristes soulèvent des questions philosophiques fondamentales sur la redéfinition de l'identité et de l'humanité. Si le corps humain intègre de manière significative la technologie, la notion même de ce qui constitue l'essence humaine pourrait être profondément transformée.

Équilibre entre Avancées Technologiques et Éthique

Naviguer dans ces eaux inexplorées exige un équilibre délicat entre les avancées technologiques et les considérations éthiques. La question de savoir jusqu'où nous devrions pousser l'intégration homme-machine pour atteindre l'immortalité soulève des préoccupations éthiques majeures, notamment en ce qui concerne le libre arbitre, la vie privée et la responsabilité.

Immortalité Numérique

La quête de l'immortalité a longtemps captivé l'imagination humaine, et dans le contexte futuriste contemporain, l'intelligence artificielle (IA) émerge comme une force propulsive pour explorer des possibilités jusqu'alors inimaginables. Cette exploration va au-delà des frontières de la science-fiction pour discuter d'idées complètement futuristes sur l'immortalité numérique, le téléchargement de l'esprit et le transfert de conscience à travers des systèmes informatiques avancés.

Immortalité Numérique grâce à l'Intelligence Artificielle

Convergence de l'IA et de l'Immortalité

L'idée futuriste d'immortalité numérique repose sur la convergence de l'IA et de la préservation de la conscience humaine. Imaginons un monde où des systèmes informatiques sophistiqués, alimentés par des algorithmes d'IA évolués, peuvent stocker, reproduire et même améliorer la complexité de la conscience humaine.

Systèmes de Simulation de Conscience

Dans cette vision futuriste, des systèmes de simulation de conscience pourraient être créés, permettant à l'esprit humain d'être reproduit numériquement. Ces systèmes iraient au-delà de la simple imitation pour capturer les nuances, les émotions et la pensée individuelle, créant ainsi une version numérique authentique de la conscience humaine.

Conservation de la Conscience à travers des Systèmes Informatiques

Numérisation et Sauvegarde de la Conscience

Une idée futuriste majeure serait la possibilité de numériser la conscience humaine, capturant chaque pensée, chaque souvenir et chaque nuance individuelle. Cette "sauvegarde" numérique permettrait de préserver l'essence de la personne au fil du temps, indépendamment de la dégradation biologique.

Transfert Progressif de la Conscience

Imaginons un processus de transfert de conscience progressif, où la conscience humaine serait graduellement intégrée à des substrats informatiques. Ce transfert pourrait se faire de manière itérative, permettant à l'individu de s'adapter progressivement à son existence numérique tout en conservant une continuité avec son passé biologique.

Téléchargement de l'Esprit dans des Substrats Artificiels

Transfert Complet de la Conscience

Une vision futuriste radicale implique le téléchargement complet de l'esprit dans des substrats artificiels. Cela suggère que l'entièreté de la conscience humaine, avec sa complexité unique, pourrait être transférée dans un environnement numérique, transcendant ainsi les limites physiques du corps biologique.

Substrats Artificiels Évolutifs

Les substrats artificiels pourraient être conçus pour évoluer, permettant à la conscience téléchargée de se développer, d'apprendre et de s'améliorer au fil du temps. L'utilisation de l'IA dans ces substrats créerait des environnements dynamiques, offrant des opportunités d'expansion cognitive et de développement personnel.

Perspectives sur la Réalité et la Faisabilité

Limites Actuelles de la Science et de la Technologie

Il est crucial de reconnaître que, pour l'instant, ces idées restent dans le domaine de la fiction spéculative. Les limites actuelles de la science et de la technologie rendent ces concepts futuristes plus proches de la science-fiction que de la réalité immédiate.

Progrès Technologiques et Éthiques à Venir

Cependant, les avancées rapides dans les domaines de l'IA, de la neurologie et de l'informatique pourraient façonner l'avenir de manière inattendue. Les progrès technologiques futurs et les débats éthiques continus détermineront la viabilité et l'acceptation sociale de ces idées futuristes.

Réalité Virtuelle

La recherche de l'immortalité a trouvé un nouveau terrain d'exploration dans le domaine de la réalité virtuelle (RV), offrant la possibilité de créer des expériences illimitées et immersives.

Expériences Virtuelles Illimitées et la Quête de l'Immortalité

Création d'Univers Virtuels Personnalisés

Dans ces visions futuristes, la RV ne se limite pas à des simulations basiques, mais devient une porte d'entrée vers la création d'univers virtuels personnalisés. Les individus pourraient façonner leurs propres réalités numériques, concevant des mondes sur mesure où ils peuvent vivre des expériences aussi vastes et variées que leur imagination le permet.

Immersion Totale dans des Mondes Alternatifs

L'objectif serait d'atteindre une immersion totale, où les frontières entre la réalité virtuelle et le monde physique s'estompent. Les utilisateurs pourraient interagir avec des environnements et des personnages virtuels de manière aussi authentique qu'avec le monde réel, créant ainsi des expériences qui transcendent les limitations biologiques.

Transformation de la Perception du Temps et de la Réalité

Expansion du Temps Virtuel

Dans ces environnements virtuels, le temps pourrait être redéfini. Les utilisateurs pourraient vivre des époques différentes, sauter d'une période historique à une autre, ou même expérimenter des réalités parallèles, étendant ainsi leur expérience temporelle au-delà des limites physiques.

Fluidité de la Réalité et de la Perception

La RV pourrait également introduire une fluidité de la réalité, où les frontières entre le réel et le virtuel deviennent poreuses. Cette fusion des deux réalités pourrait entraîner des changements profonds dans la perception du monde, remettant en question la stabilité même de la réalité et de l'identité.

Nécessité de Réglementations et de Débats Éthiques

Limiter les Possibilités Infinies

Alors que la RV offre des possibilités infinies, la nécessité de réglementations devient cruciale. Des questions telles que la protection de la vie privée, la sécurité des utilisateurs et la prévention des abus potentiels devront être abordées. Les réglementations pourraient définir les limites éthiques de la création d'univers virtuels pour garantir que cette quête de l'immortalité ne devienne pas un terrain propice à l'exploitation.

Garantir une Expérience Saine et Éthique

Les débats éthiques devraient également se concentrer sur la garantie d'une expérience virtuelle saine et éthique. Cela inclut la prévention de la dépendance, la protection contre la manipulation psychologique et la création d'environnements virtuels qui favorisent le bien-être plutôt que de potentielles dérives nuisibles.

Implications Sociales et Culturelles de la RV Immersive

Redéfinition des Relations Sociales

La création de réalités virtuelles immersives pourrait redéfinir les relations sociales. Les individus pourraient interagir dans des environnements numériques de manière aussi significative que dans le monde physique, élargissant ainsi les possibilités de connexion humaine au-delà des frontières géographiques et temporelles.

Impact sur les Structures Sociales Traditionnelles

Ces expériences illimitées pourraient également avoir un impact sur les structures sociales traditionnelles. Les notions de travail, de famille et de communauté pourraient évoluer à mesure que les individus plongent dans des mondes virtuels sur mesure, remettant en question les modèles sociaux établis depuis des générations.

Potentiel Thérapeutique de la RV pour l'Immortalité Virtuelle

Gestion des Traumatismes et des Phobies

La RV immersive pourrait également avoir un potentiel thérapeutique considérable. Les individus pourraient utiliser ces expériences virtuelles pour traiter des traumatismes, surmonter des phobies ou même créer des environnements de guérison personnalisés, offrant ainsi une nouvelle approche dans le domaine de la santé mentale.

Exploration de Réalités Alternatives pour la Réflexion Existentielle

La RV pourrait servir de moyen d'exploration de réalités alternatives pour la réflexion existentielle. Les individus pourraient vivre des scénarios hypothétiques, explorer des choix de vie différents, et ainsi obtenir des perspectives nouvelles sur leur propre existence, créant ainsi des opportunités pour la croissance personnelle et le développement.

Autres Idées Innovatrices

Ces idées futuristes explorent des horizons novateurs dans le domaine de la biotechnologie et de la quête de l'immortalité, offrant des perspectives radicales sur la manière dont la science et la technologie pourraient remodeler l'avenir de l'humanité :

- Édition Génétique Évolutive : Imaginons une technologie d'édition génétique évolutive qui permet aux individus de non seulement corriger les imperfections génétiques, mais aussi de choisir des traits évolutifs pour s'adapter à des environnements changeants, offrant ainsi une immunité renforcée et une capacité d'adaptation continue.

- Organes Biorobots Autorégénérateurs : Une avancée radicale dans la bio-ingénierie pourrait conduire à la création d'organes biorobots autorégénérateurs. Ces organes synthétiques seraient capables de se régénérer de manière autonome, prolongeant ainsi la durée de vie des individus en éliminant les problèmes de dégénérescence organique liés au vieillissement.

- Symbiose Neurobiologique : Envisageons une symbiose neurobiologique où des nanorobots sont intégrés au cerveau humain pour amplifier la cognition et la mémoire. Cette fusion de la technologie et du cerveau permettrait une expansion radicale de l'intelligence humaine, transcendant les limitations cognitives actuelles.

- Régénération Cellulaire Accélérée par la Lumière : Une technologie de régénération cellulaire révolutionnaire pourrait utiliser la lumière pour accélérer le processus de guérison et de régénération des cellules. Les individus pourraient s'exposer à une lumière spécifique pour stimuler la régénération cellulaire, prolongeant ainsi la jeunesse et la vitalité.

- Réseau Immunitaire Connecté : Pensez à un réseau immunitaire mondial connecté où les informations sur les menaces pour la santé sont partagées instantanément entre les individus. Ce réseau permettrait une réponse immunitaire coordonnée et rapide face aux nouvelles maladies, créant ainsi un rempart collectif contre les pandémies.

- Bactéries Symbiotiques Anti-Vieillissement : Imaginons des bactéries symbiotiques spécialement conçues pour inverser les processus de vieillissement. Ces microorganismes pourraient être introduits dans le microbiote humain, libérant des enzymes anti-vieillissement pour régénérer les tissus et maintenir la jeunesse biologique.

- Implants Neuronaux d'Énergie Quantique : Envisageons des implants neuronaux qui exploitent l'énergie quantique pour stimuler les fonctions cérébrales. Cette technologie pourrait non seulement accroître les capacités cognitives, mais aussi prolonger la durée de vie en maintenant la vitalité mentale au fil des années.

- Thérapie Génique d'Immortalité : Une approche radicale de la thérapie génique pourrait viser à activer les gènes associés à l'immortalité cellulaire. Les cellules pourraient être programmées pour maintenir leur intégrité structurelle et fonctionnelle indéfiniment, permettant ainsi une vie éternelle sans les ravages du vieillissement.

- Écosystèmes Biologiques Personnalisés : Envisageons des écosystèmes biologiques personnalisés, où chaque individu crée son propre environnement biologique. Ces écosystèmes pourraient être conçus pour favoriser la santé optimale et la régénération constante, offrant ainsi une approche individualisée de la quête de l'immortalité.

- Transfert de Conscience Interespèces : Une idée surprenante pourrait être le transfert de conscience interespèces, permettant aux humains de transférer leur conscience dans des organismes non biologiques ou même dans des espèces animales. Cela ouvrirait la possibilité de vivre des expériences variées tout en explorant différentes formes de vie.

- Système de Régénération Complet : Une avancée majeure pourrait consister en un système de régénération complet, capable de réparer non seulement les cellules individuelles, mais aussi les organes entiers. Cette technologie transformerait la réparation cellulaire en une régénération globale, offrant une immunité accrue face aux maladies et au vieillissement.

- Implants Nanorobotiques d'Autoguérison : Envisageons des implants nanorobotiques programmés pour détecter et réparer les dommages cellulaires en temps réel. Ces nanobots pourraient circuler dans le corps, anticipant les problèmes de santé et assurant une autoguérison constante, repoussant ainsi les effets du vieillissement.

- Synthèse d'Organismes Symbiotiques : Une approche révolutionnaire pourrait consister à synthétiser des organismes symbiotiques capables de cohabiter avec le corps humain de manière harmonieuse. Ces organismes synthétiques pourraient non seulement améliorer la santé globale, mais aussi contribuer à la régénération des tissus et à la prolongation de la vie.

- Intelligence Artificielle Médicale Prédictive : Envisageons une intelligence artificielle médicale qui utilise des algorithmes prédictifs pour anticiper les problèmes de santé avant même qu'ils ne se manifestent. Cette technologie préventive pourrait intervenir à un stade précoce, permettant ainsi une intervention médicale préventive et une prolongation de la vie.

- Réparation Génétique Par Téléportation Quantique: Une idée audacieuse pourrait impliquer la réparation génétique par téléportation quantique. Les informations génétiques pourraient être transférées instantanément à l'aide de la téléportation quantique, permettant une correction rapide des anomalies génétiques et éliminant ainsi les maladies héréditaires.

- Énergie Métabolique Infusée : Envisageons l'infusion d'une nouvelle source d'énergie métabolique, permettant aux cellules de fonctionner à des niveaux optimaux indépendamment des sources énergétiques traditionnelles. Cette infusion énergétique pourrait stimuler la vitalité et prolonger la durée de vie en fournissant une énergie cellulaire abondante.

- Bio-Interface Connectée au Cerveau : Pensez à une bio-interface connectée au cerveau qui permet une communication directe avec des systèmes biotechnologiques. Les individus pourraient contrôler et ajuster leur propre physiologie à la demande, régulant ainsi le processus de vieillissement et optimisant les performances biologiques.

- Régulation Métabolique Adaptative : Une idée futuriste pourrait consister en une régulation métabolique adaptative qui ajuste automatiquement le métabolisme en fonction des besoins énergétiques du corps. Cela permettrait de maintenir un équilibre énergétique optimal, favorisant la santé et la longévité.

- Organes Virtuels en Réalité Augmentée : Envisageons des organes virtuels en réalité augmentée, créant une copie numérique de chaque organe dans le corps. Cette copie pourrait être utilisée pour diagnostiquer et traiter des problèmes de santé, offrant ainsi une perspective virtuelle pour une médecine personnalisée et préventive.

- Transfert de Conscience dans un Hôte Artificiel : Une idée audacieuse pourrait être le transfert de conscience dans un hôte artificiel. Les individus pourraient choisir de transférer leur conscience dans des corps artificiels, éliminant ainsi les contraintes biologiques et ouvrant la voie à une existence quasi-immortelle dans des formes non biologiques.

En conclusion, l'exploration des idées futuristes pour la quête de l'immortalité nous a transportés au-delà des frontières de la réalité actuelle. Les concepts examinés ici défient les conventions, ouvrant des horizons inexplorés dans la recherche de la vie éternelle. Cependant, cette quête n'est pas sans susciter des réflexions profondes sur les limites humaines, tant sur le plan biologique que philosophique.

Alors que les avancées technologiques offrent des possibilités prometteuses, la nécessité d'une réflexion éthique et philosophique demeure cruciale. Les implications sur la nature de notre existence, la signification de la vie, et les valeurs fondamentales qui définissent l'humanité exigent une attention particulière.

Gardons à l'esprit que la quête de l'immortalité ne se limite pas à la recherche scientifique et technologique, mais englobe également des considérations philosophiques et éthiques profondes. Ainsi, ce chapitre ouvre la porte à une réflexion continue sur la manière dont ces idées futuristes peuvent façonner l'avenir de l'humanité et les défis éthiques qui accompagnent cette quête inlassable d'immortalité.

Conclusion : Réflexion sur les Limites Humaines

La quête d'immortalité, longtemps confinée aux récits mythologiques et aux aspirations philosophiques, s'est incrustée dans le domaine de la réalité scientifique et technologique. Cependant, cette exploration vers l'immortalité soulève inévitablement des questions profondes sur les limites inhérentes à la condition humaine.

Limites Biologiques et Temporelles

Impermanence de l'Existence Humaine

L'expérience humaine a toujours été marquée par l'impermanence. Le cycle de la vie, avec ses étapes de la naissance, de la croissance, de la maturité, du déclin et de la mort, a défini notre compréhension du monde et de nous-mêmes. La quête d'immortalité remet en question cette réalité fondamentale, interrogeant si l'élimination de la limite temporelle est souhaitable ou même possible.

Équilibre Naturel et Changement Inévitable

La nature elle-même opère dans des cycles d'équilibre et de changement. Les limites biologiques imposent un équilibre nécessaire pour maintenir la diversité des espèces et la dynamique des écosystèmes. La recherche de l'immortalité peut sembler en contradiction avec ces principes naturels, soulevant des préoccupations quant à la perturbation potentielle de l'ordre biologique naturel.

Limites Psychologiques et Émotionnelles

Évolution de la Psyché Humaine

L'existence de limites temporelles a profondément influencé le développement de la psyché humaine. Les notions de finitude et d'éphémérité ont façonné notre compréhension de la signification et de la valeur de la vie. La quête d'immortalité soulève des questions sur la manière dont l'évolution de la psyché humaine pourrait être affectée par l'absence de ces limites temporelles.

Équilibre entre Joies et Peines

Les expériences humaines, qu'elles soient joyeuses ou douloureuses, tirent leur profondeur de leur caractère temporaire. Les moments de bonheur intense sont précieux parce qu'ils sont éphémères, tout comme la résilience nécessaire face aux épreuves. La recherche d'une vie sans fin soulève des questions sur la nature même de la signification et de la valeur des expériences humaines.

Limites Sociales et Culturelles

Évolution des Structures Sociales

Les structures sociales, telles que la famille, la communauté et la société, ont évolué en réponse aux limites temporelles de la vie humaine. La quête d'immortalité pourrait redéfinir ces structures, remettant en question les modèles familiaux traditionnels, les cycles de génération, et même les concepts de succession et d'héritage.

Identité et Histoire Collective

La mortalité humaine a également contribué à façonner l'identité individuelle et collective au fil du temps. Les générations successives ont construit l'histoire et la culture, chaque époque apportant sa contribution unique. L'immortalité remet en question la nature même de l'identité et de l'héritage, créant des défis pour la préservation de la diversité culturelle et de la mémoire collective.

Approches Équilibrées pour la Quête d'Immortalité

Intégration des Avancées Technologiques et Valeurs Humaines Fondamentales

La recherche de l'immortalité ne doit pas être perçue comme une rupture totale avec les valeurs humaines fondamentales, mais plutôt comme une opportunité de les redéfinir. Il est essentiel de trouver un équilibre entre les avancées technologiques qui étendent la vie et la préservation des principes éthiques et moraux qui définissent notre humanité.

Exploration Responsable des Possibilités Technologiques

L'exploration des possibilités technologiques pour prolonger la vie nécessite une approche responsable. La recherche devrait être encadrée par des principes éthiques, évitant les dérives éthiques potentielles telles que l'inégalité d'accès à ces avancées ou la perte de valeurs humaines fondamentales au profit de la technologie.

Considérations Philosophiques sur la Quête d'Immortalité

Réflexion sur la Signification de l'Existence

La quête d'immortalité soulève des questions profondes sur la signification même de l'existence. Les limites temporelles donnent un cadre à notre vie, mais l'absence de ces limites ne risque-t-elle pas de diluer le sens et la valeur de chaque instant ?

Éthique de l'Éternité

L'idée d'une vie éternelle soulève des questions éthiques importantes. Comment la notion de responsabilité envers soi-même et envers les autres évolue-t-elle dans un contexte où le temps n'est plus une contrainte ? Comment préserver la dignité humaine et l'empathie dans une réalité où l'expérience de l'autre devient infinie ?

Conclusion : Naviguer Entre les Limites et les Possibilités

En conclusion, la quête d'immortalité nous pousse à réfléchir profondément sur les limites inhérentes à la condition humaine. Les aspects biologiques, psychologiques, sociaux et culturels de notre existence sont étroitement liés à la temporalité, et la remise en question de ces limites soulève des défis existentiels et éthiques. Naviguer entre les limites et les possibilités exigera une réflexion approfondie sur la signification de la vie, la préservation des valeurs humaines fondamentales et une exploration responsable des avancées technologiques. La quête d'immortalité, bien que fascinante, doit être abordée avec une conscience aiguë des implications philosophiques et éthiques qui façonnent notre compréhension de ce que signifie être humain.

Ressources Utiles

Pour approfondir la compréhension des biotechnologies et de la recherche sur la vie éternelle, plusieurs ressources supplémentaires peuvent être explorées. Ces ressources comprennent des livres, des articles, des documentaires, des conférences et des sites web qui offrent une perspective plus approfondie sur les avancées scientifiques, les débats éthiques et les implications sociales de ces domaines. Ces ressources complémentaires peuvent enrichir votre exploration des biotechnologies et de la vie éternelle en fournissant des perspectives variées, des informations scientifiques approfondies et des discussions communautaires sur ces sujets passionnants et complexes.

Voici donc une sélection de ressources pour compléter votre exploration du sujet :

Livres et Articles

- "Ending Aging: The Rejuvenation Breakthroughs That Could Reverse Human Aging in Our Lifetime" par Aubrey de Grey et Michael Rae.
- "The Longevity Paradox: How to Die Young at a Ripe Old Age" par Steven R. Gundry.
- "Lifespan: Why We Age—and Why We Don't Have To" par David A. Sinclair.
- "Ageless: The New Science of Getting Older Without Getting Old" par Andrew Steele.
- "The Telomere Effect: A Revolutionary Approach to Living Younger, Healthier, Longer" par Elizabeth Blackburn et Elissa Epel.

Sites Web et Blogs

- SENS Research Foundation : https://www.sens.org/
- Longevity Science : https://www.longevity.technology/
- Aging Analytics Agency : https://www.aginganalytics.com/
- FIGHTAGING!: https://www.fightaging.org/
- The Longevity Forum : https://thelongevityforum.com/

Revues Scientifiques

- Aging Cell : https://onlinelibrary.wiley.com/journal/14749718
- Journal of Gerontology: Biological Sciences : https://academic.oup.com/biomedgerontology
- Aging and Disease : http://www.aginganddisease.org/
- Frontiers in Aging Neuroscience : https://www.frontiersin.org/journals/aging-neuroscience
- Rejuvenation Research : https://www.liebertpub.com/loi/rej

Organisations de Recherche

- Buck Institute for Research on Aging : https://buckinstitute.org/
- Max Planck Institute for Biology of Ageing : https://www.age.mpg.de/
- Institute for Aging Research (Harvard Medical School) : https://www.instituteforagingresearch.org/
- Calico (California Life Company) : https://www.calicolabs.com/

- National Institute on Aging (NIA) : https://www.nia.nih.gov/

Conférences et Événements

- International Conference on Aging and Disease (ICAD) : http://www.icadconference.org/
- Longevity Leaders World Congress : https://www.longevityleaders.com/
- Undoing Aging Conference : https://www.undoing-aging.org/
- American Aging Association Annual Meeting : http://www.americanagingassociation.org/
- International Society on Aging and Disease (ISOAD) : https://isoad.org/

Vidéos et Documentaires

- TED Talk: "How to live to be 100+" by Dan Buettner : https://www.ted.com/tedx
- Documentary: "The Science of Living Forever" (BBC Horizon) : https://www.bbc.co.uk/programmes/m000hkxh
- YouTube Channel: Fight Aging! : https://www.youtube.com/c/FightAging

Communautés en Ligne

- Reddit - /r/longevity : https://www.reddit.com/r/longevity/
- LongeCity Forum : https://www.longecity.org/forum/

Podcasts

- The Lifespan Podcast : https://www.lifespan.io/the-lifespan-podcast/
- HumanOS Radio - Episode on Aging and Longevity with Dr. David Sinclair : https://humanos.me/radio/

Rapports et Études

- World Health Organization (WHO) - World Report on Ageing and Health : https://www.who.int/ageing/publications/world-report-2015/en/
- National Institute on Aging - Why Population Aging Matters: A Global Perspective : https://www.nia.nih.gov/research/dbsr/population-aging-matters

Initiatives de Financement

- Longevity Vision Fund : https://www.longevity.vc/
- Life Biosciences : https://lifebiosciences.com/

Documentations sur les Thérapies Géniques et Anti-Âge

- Gene Therapy for Ageing - Nature Reviews Genetics : https://www.nature.com/articles/nrg.2017.67
- Senolytics in idiopathic pulmonary fibrosis: Results from a first-in-human, open-label, pilot study - EBioMedicine : https://www.sciencedirect.com/science/article/pii/S2352396417301614

Éthique et Société

- The Hastings Center - Aging and End-of-Life Care : https://www.thehastingscenter.org/special-initiatives/aging-and-end-of-life-care/
- Center for Bioethics - University of Pennsylvania : https://bioethics.upenn.edu/research/aging-end-life-care

Technologies Émergentes

- CRISPR-Cas9 Explained - Nature Education : https://www.nature.com/scitable/topicpage/crispr-cas9-gene-editing-41390
- Nanotechnology and Aging - National Nanotechnology Initiative : https://www.nano.gov/nanotech-101/special

Recherche sur les Microbiomes et la Longévité

- The Microbiome and Aging - Annual Review of Microbiology : https://www.annualreviews.org/doi/full/10.1146/annurev-micro-102215-095753
- Microbiome Research - Human Microbiome Project : https://hmpdacc.org/

Ressources Générales sur la Longévité

- International Longevity Centre (ILC) Global Alliance : https://www.ilc-alliance.org/

- Longevity.news - News and Articles on Longevity : https://www.longevity.news/
- The Longevity Economy - AARP Research : https://www.aarp.org/research/topics/economics/info-2019/longevity-economy.html
- Longevity FAQ - Fight Aging!: https://www.fightaging.org/longevity-faq/
- Blue Zones - Areas with the Highest Life Expectancy : https://www.bluezones.com/
- Human Longevity, Inc. : https://www.humanlongevity.com/